ÉTICA E MEIO AMBIENTE

PARA UMA SOCIEDADE SUSTENTÁVEL

Dados Internacionais de Catalogação na Publicação (CIP)
(Câmara Brasileira do Livro, SP, Brasil)

Pelizzoli, M.L.
Ética e meio ambiente para uma sociedade sustentável / M.L. Pelizzoli. – Petrópolis, RJ : Vozes, 2013.

Bibliografia

3ª reimpressão, 2025.

ISBN 978-85-326-4598-2

1. Ambientalismo – Filosofia 2. Ecologia 3. Educação ambiental 4. Ética ambiental 5. Meio ambiente 6. Sustentabilidade I. Título.

13-05441 CDD-179.1

Índices para catálogo sistemático:
1. Ética ambiental 179.1

M.L. Pelizzoli

ÉTICA E MEIO AMBIENTE

PARA UMA SOCIEDADE SUSTENTÁVEL

Petrópolis

Rua Frei Luís, 100
25689-900 Petrópolis, RJ
www.vozes.com.br
Brasil

Editoração: Maria da Conceição B. de Sousa
Projeto gráfico: Sheilandre Desenv. Gráfico
Capa: HiDesign Estúdio

ISBN 978-85-326-4598-2

Este livro foi composto e impresso pela Editora Vozes Ltda.

Sumário

Prefácio

*Maria das Dores de V.C. Melo**

O nosso atual modelo de desenvolvimento se apropriou de conceitos fundamentais para a sua própria reestruturação e mudança, mas esses conceitos não foram incorporados profundamente ao seu fazer cotidiano. Ética, educação, responsabilidade socioambiental, desenvolvimento sustentável, consciência ecológica são expressões usadas amplamente visando o aumento do consumo, do luxo, do lucro, do excesso, como maquiagens verdes em grandes engrenagens que transformam a natureza rapidamente em resíduos descartáveis. Como disse Brecht, "Realmente, vivemos tempos sombrios! A inocência é loucura. Aquele que ri ainda não recebeu a terrível notícia que está para chegar. Que tempos são estes, em que é quase um delito falar de coisas inocentes, pois implica silenciar sobre tantos horrores".

A crise profunda, tão bem delineada por Capra, Brecht, Freud e tantos outros, aponta, como diz Pelizzoli, para o desencantamento do mundo, para a perda da dimensão da liberdade humana e a ameaça de uma vida objetificada, mecânica, oprimida e infeliz. Essa crise que nos chega pela percepção do espaço sem identidade das grandes cidades, sujas e violentas, ou dos campos, manejados por grandes máquinas, que destroçam rios e florestas, como se saqueasse a natureza, extirpando dela cada possibilidade de ganho. Riqueza que traz a falsa ilusão de nos proteger do medo da solidão e do futuro.

A contribuição de Marcelo Pelizzoli vem aqui retirar esses temas da banalidade, evocando a história, a ciência, a religião e a arte para fundamentar a luta. Diante da crise demandam-se mudanças igualmente

---

* Dorinha é fundadora da Associação para a Proteção da Mata Atlântica Nordeste (Amane).

profundas nas estruturas e instituições sociais, em conjunção com novos valores e ideias. Uma nova estética começa a nascer em oposição ao recrudescimento do progresso material, e uma ética "que funciona somente quando há sensibilidade, quando aprendo *de cor* (ou seja, de coração, quando, de fato e com meus hábitos e corpo eu *com-cordo*)", e que nos alerte para a hipocrisia da mídia, e que nos alimente para uma nova postura diante da vida.

Os desafios profissionais em conseguir ser útil e contribuir para que o mundo seja um lugar de paz, harmonia, amor, onde se mora e se demora, que propicie a segurança para um desenvolvimento pleno e equilibrado exigem um esforço conjunto e articulado. Assim, vemo-nos em redes e movimentos sociais que nos fortalecem na busca de sabedoria, mais que informação, e nos ajudam a acordar, trazendo o coração para o trabalho, envolvendo com amor as relações entre pessoas e instituições no fazer a vida do nosso tempo, que nos cabe à responsabilidade. E assim, o autor nos deixa entusiasmados em direção a pegar o trem da história possível – a sociedade sustentável.

Introdução

É com alegria que trazemos aos estudantes e ao público em geral esta nova obra na área ambiental, no contexto dos novos paradigmas ecossistêmicos de compreensão da vida humana como cultura e natureza. O tema da ética é talvez o mais caro hoje para a sociedade, atravessada pela crise social e ecológica; não como apelo moralista, mas como convite para uma reconexão do sujeito com o mundo em que vive, com o ritmo dos processos naturais, tanto de seu corpo quanto do ambiente natural ou construído. A vida em um mundo excessivamente artificializado, mediatizado e midiatizado nos coloca em situações de desequilíbrios os mais variados, os quais atingem nosso modelo de uso dos recursos, energia, o tipo de alimento usado (saudável/natural ou artificial/industrializado), o lazer, o ambiente emocional, enfim, nossa *casa* (*eco*).

Esta obra adota a perspectiva sistêmica de compreensão da vida e dos seres naturais, propondo olhar os objetos, pessoas e seres dentro de uma rede delicada de relações, simbólicas, culturais, afetivas, biológicas, energéticas, ecossistêmicas. Ao abrir os olhos e sair da cegueira branca e ofuscante em que muitos mergulham, quiçá se possa descobrir quanta beleza e quanta energia há no que chamamos de natureza, incluindo aí nosso corpo, nossas relações. É preciso urgentemente superar as dicotomias e as perdas entre ser humano e vida natural, entre respiração e ar, entre corpo e movimento, entre comida e natureza, entre pernas e caminhar, entre estar vivo e estar na Terra, entre o eu e os outros seres, sejam eles quais e como forem. Esta urgência tem a ver com a possibilidade ou não de mantermos a essência humana, num mundo atacado pelas doenças degenerativo-ambientais (como o câncer), fruto direto da artificialização da alimentação e do estilo de vida das pessoas; manter a essência humana requer manter a essência minimamente saudável dos rios, do ar, das paisagens, dos subsolos, da terra, dos alimentos e das instituições.

O tema ambiental tratado aqui acredita ainda na noção de *sustentabilidade*, desde que não seja no seu uso "verdista", ou como "maquiagem verde", ou como meros ajustes nos processos industriais poluentes. O tema *ambiental* é uma revisão de nosso *modelo de vida*, hábitos, relações/contatos, passando fundamentalmente pelo modo de consumo, deletério ou ecológico. Nesta obra, tomamos posições defendendo novos movimentos que tentam salvar nossas comunidades e ecossistemas diante do caos crescente; temos por base a vontade de uma ecologia profunda, ou uma ecopsicologia. Esta remete ao âmago da crise ambiental como crise de valores, crise das subjetividades, como necessidade de uma *metanoia* ou transformação em nosso modo de ser feliz (ou infeliz) nas sociedades industriais de consumo modernas. Uma ecologia profunda remete à dor e às frustrações que temos ao sentir (mesmo que não querendo ver) que estamos em perigo, e que precisamos garantir um futuro minimamente equilibrado para nós, para nossos filhos e netos. Sustentabilidade deve ser pensada em vários níveis, de paisagem, de urbanismo, de alimentação, de pensamento reflexivo, de cultura, de educação e, acima de tudo, de sensibilidade para o nosso tempo presente, pois é preciso "pegar o trem" da história para não ser atropelado. Tal tempo exige de nós posturas e ânimo (alma), posicionamentos éticos voltados para ações concretas, mais do que discursos bonitos. Ética e ambiente são termos equivalentes, são quase a mesma coisa, como denota a palavra *ethos*, mais que moral; é uma questão de saber viver no mundo (ambiente/relações), para além de ser "bonzinho" com a "ecologia".

Lutar ecologicamente não é uma coisa de ecologistas ou militantes, mas de pessoas de olhos abertos, com lucidez, tocadas pelo "espírito do tempo", das comunidades e das crianças que reclamam silenciosamente uma vida digna e viável. É realizar a vocação humana de ser (ontologicamente) social e ambiental, perceber a fragilidade e loucura de nosso ego sob pressão social, sua destrutividade e sua voracidade, para cultivar os melhores valores sociais, cuidadosos, vitalistas, energéticos, participativos, grupais, para os quais podemos usar as palavras *ecológico* e *sustentável*. Em primeiro lugar, o que precisa ser sustentável é a vida dos sujeitos, a cultura e a nossa educação.

Marcelo L. Pelizzoli
www.curadores.com.br

1

Visão sistêmica

Em direção ao paradigma ambiental

Breve retomada da crise contemporânea e a abertura de novos paradigmas

Para entender as mudanças que a ideia de ambiente (e ciência, ligada a ele) passa, bem como a crise que afeta hoje nosso equilíbrio ou saúde biológica, mental, social (e em que direção superá-la), é preciso voltar ao período cultural da passagem do século XIX para o século XX e o que daí se segue. Nesse tempo começam a cristalizar teorias e ideias que buscam superar a visão mecanicista, materialista, reducionista, positivista, todas elas antecedidas pela Revolução Científica (século XVII) – em que surge o famoso *paradigma cartesiano*[1]. É um período em que, ao mesmo tempo, recrudesce e se fortalecem o avanço tecnológico e as visões *objetificadoras*[2] anteriores, e há um clima histórico-cultural de emergência de novos paradigmas, que se reflete numa *ruptura epistêmica* geral em várias áreas conjuntamente, quase que num *Zeitgeist*, um novo "espírito do tempo" que amadurece. Emergem visões tanto reacionárias quanto inovadoras, numa luta inconsciente entre posturas comportamentais e cognitivas diferentes, típicas de um período de re-

---

1. É um modelo epistemológico, um modo de conceber a validação em ciência, mais do que a filosofia de Descartes. Cf. Pelizzoli, 2007, 2010, 2011.

2. *Objetificador* é uma palavra importante aqui e para Gadamer. Refere-se não tanto ao fato de se produzir objetos sem fim, mas tornar o olhar, a visão, e assim o modo de relação com a vida (célula, corpo, ambiente, pessoa etc.), algo separativo, isolado, sem consequências existenciais, ambientais, emocionais, entre outras. Assim, quando acreditamos que o parto artificial é melhor do que aquele que as tradições (mais naturais) criaram, estamos objetificando uma relação com a vida e com os seres humanos. Igualmente, quando não temos mais consciência ou confiança nos processos mais naturais, podemos estar objetificando as formas de viver. Portanto, a relação sujeito-objeto fica comprometida, reduzida, o que remete diretamente ao paradigma cartesiano.

volução tanto cultural quanto científica, como mostra T. Kuhn em *A estrutura das revoluções científicas*.

É importante entender a dupla ou complexa característica dos acontecimentos históricos e dos padrões de compreensão do mundo e do saber (tendo a Ciência como carro-chefe), em que, de um lado, reforçava-se a crença no avanço da ciência positivista, que colocaria a humanidade num paraíso tecnológico e futurista, com a ideia de *progresso*, a qual olhava a vida como composta de tijolos simples, objetos, mecanismos, estruturas químico-físicas que podem ser manipuladas de modo simplificado e isolado; e, de outro, um clima de tensão e fracasso, devido basicamente às crises econômicas e do capitalismo, doenças, clima agravado pelas guerras mundiais. Já no tempo da II Guerra havia o estabelecimento das bases para o crescimento bélico vertiginoso, econômico e tecnológico surpreendentes. O grande historiador E. Hobsbawm separa o século XX em três fases: Era da *Catástrofe* (devido basicamente ao que citei acima); Era de *Ouro* (economia do pós-guerra e crença avassaladora no modelo técnico-industrial e capitalista), e nos anos de 1970 vem a Era da *Crise*. E é neste último período que começamos a ver mais claramente o impacto da Sociedade Industrial de Consumo (sic) na saúde, na crise de valores, em especial no ambiente, o que inclui o corpo e as relações humanas. A ruptura sistêmica anunciada (mudança de paradigmas) coloca em xeque a visão atomista, reducionista, determinista, racionalista, positivista e todas as visões que compartilham do paradigma cartesiano ou mecanicista. Por outro lado, cresce uma cultura narcisista e de consumo irresponsável, incluso o consumo em "saúde".

No século anterior, XIX, haviam disputas tais como a Teoria do Germe (microbiana) e a Teoria do Campo, a primeira nitidamente cartesiana e reducionista, colocando a causalidade de doenças em agentes patogênicos isolados, e a segunda sistêmica, contextual, mostrando que o agente advém de um campo desequilibrado que visa o equilíbrio do sistema maior. Isto retoma a disputa entre mecanicismo e vitalismo (pensamos aqui no pai da Homeopatia, S. Hahnemann, e no pai da Antroposofia Médica, R. Steiner), na qual tanto o vitalismo como a visão do campo, como aspectos naturalistas tradicionais e vinculados por exemplo às tradições de higiene, dietas e ao romantismo, são rechaçados e começam a ser expulsos da validação cientifica e filosófica objetificadoras. Aquele enquadramento metódico que começou com Descartes e Galileu, Bacon e Newton é levado ao extremo na direção de uma abordagem da vida – célula, corpo, sistema, ambiente – de modo maquínico, dicotômico, fragmentário (vamos resumir todos estes conceitos dizendo: cartesiano e mecanicista, além de materialista dicotômico). A divisão entre corpo e mente é a mais geral e grave de uma série de operações separativas. Do mesmo modo, segue-se a separação absoluta entre doença e doente, entre saúde e doença, tal como entre bem e mal, ou ainda sujeito e objeto. O preço que estamos pagando por tais divisões, por tal perda de consciência e de conexão com o funcionamento sistêmico da vida, é imenso, tanto quanto tais ideias – que fazem o saber perder o sentimento, a intuição, a corporeidade, o movimento, o inconsciente, a sexualidade, a harmonia da natureza – estão profundamente incorporadas em nós, principalmente nas instituições. Na verdade, nosso modelo de pensamento, pautado na manipulação técnica dicotômica, separativa, na posse da natureza e na ideia de crescimento tecnológico e econômico ilimitado, é um modo de pensar atrasado e perigoso, que encontra sua força no século XIX, entrando no século XX de modo assustador – mas que tem seus dias para o fim contados[3].

Trata-se, assim, de levantar quais são as **rupturas** e oposições que surgem diante da crise; quais, na prática, foram bem pouco incorporadas pela sociedade em nível existencial e concreto. Vejamos os tópicos principais:

- A noção de **alteridade**. A aceitação do outro como outro, em sua diferença, estranheza, não eu, fora do meu gueto ou grupo, é talvez o grande desafio não somente para o saber, mas para as pessoas no dia a dia. A violência que vemos em muitos níveis está ligada diretamente, no fundo, à dificuldade de compreender o outro, escutar, dialogar, respeitar o diferente, incluir socialmente o que excluímos. Autores como Lévinas, Buber, Gadamer, Derrida, Jung, Dussel colocam este como o problema fundamental ligado à busca egoica da identidade (ter-ser-em-seu-poder). No campo da saúde, profissionais aprenderam que não

3. Cf. Pelizzoli, 2007, 2010, 2011 e 2012.

estão lidando com pessoas-alteridade, contextos e doenças-alteridade, mas como objetos simplificados que devem ser calados ou combatidos. Junto a tal noção de *outro*, surge também muito forte a renovação da ideia de **diálogo**. Se com o cientista e filósofo anterior havia apenas *monólogo*, razão burguesa e retirada da voz do saber popular e das pessoas, agora as coisas devem ser validadas numa comunidade de pessoas que têm voz, experiência e saber.

• A **noção de tempo**. Einstein, pela Física, acopla o tempo relativo ao espaço, à luz, à curvatura antes da linearidade, ao movimento. Altera substancialmente a visão de tempo linear e estanque que tínhamos, o tempo cronológico, criado artificialmente pela razão/cultura humana. Isto está em acordo com a Teoria da Relatividade Geral, que traz implicações ainda inusitadas, quando, por exemplo, coloca o observador como parte na interpretação dos fenômenos naturais. De modo similar, mas em outra esfera, está Heidegger, Rosenzweig, Bergson, para citar filósofos do mesmo período, que mostram que a tradição ontológica, racionalista, metafísica fixista e pretensamente dominadora da natureza fez do tempo algo espacializado e mensurável, controlável, fracionado, linear, o qual serve para o controle do ego-identidade dos sujeitos expostos ao tempo ontológico radical – mudança, impermanência, transformação, passagem. Ou seja, o tempo dissolve a todo momento as identidades e fixações que temos sobre nós mesmos e sobre o que chamamos precariamente de real, coisa. Para Lacan, grande psicanalista depois de Freud, há o tempo cronológico, convencional, e o tempo interior, o tempo subjetivo (o que lembra Santo Agostinho com o tempo íntimo), que está fora da medida do ego, pois é atravessado pelo inconsciente, pelo fluxo incessante da vida e da linguagem, da qual não temos domínio técnico.

• A **Física Quântica** é um conjunto de novos conhecimentos, alguns usados em novas tecnologias e outros bastante surpreendentes, tais como a ideia de não localidade, quando um mesmo ente atômico está entrelaçado de tal modo que parte dele (por mais distante que esteja da outra) responde simultaneamente, ou modificam seus estados no mesmo instante[4]; reforça ainda mais a interferência do observador no objeto observado, mostrando que o primeiro faz parte do segundo, influenciando assim a realidade vista. A ideia de que temos campos de energia mais que bolinhas ou átomos estanques um ao lado do outro; e assim a ideia da correspondência partícula-onda, uma dualidade-unidade que faz parte de elementos últimos que compõem a chamada matéria, que agora não pode ser entendida senão em conjunção com a energia ou como energia; são ideias que vieram inicialmente com Einstein. As implicações de tudo isso ainda não são bem compreendidas e incorporadas na questão ambiental.

• A **Teoria dos Sistemas** surge neste contexto, apontando falhas da visão dicotômica, atomista, analítica isoladora, que perde as interconexões de fatores e influências, ou da famosa *causalidade* nos fenômenos da vida. Para citar apenas alguns dos grandes pensadores, o biólogo Bertalanffy, com a sua *Teoria Geral dos Sistemas*. O sistema é "um todo organizado ou complexo; um conjunto ou combinação de coisas ou partes que formam um todo complexo o unitário". Não obstante, "o todo é mais do que a soma das partes. Da organização de um sistema nascem *padrões emergentes* que podem retroagir sobre as partes. Por outro lado, o todo também é menos que a soma das partes, uma vez que tais propriedades emergentes também podem inibir determinadas qualidades das partes". É neste caminho que podemos lembrar da visão de redes, da interdependência de fatores, em que se começa a perceber a vida de modo sistêmico, como processo integrado e com uma organização chamada complexa – ideia que tem em si a palavra "tecer junto".

• Neste contexto sistêmico surgem as teorias da **complexidade**, sendo a mais conhecida a de E. Morin, um conjunto de reflexões em filosofia da ciência e sociedade que, mesmo não sendo uma teoria fechada e acabada, serve para reflexões epistemológicas importantes quanto aos limites da visão disciplinar e cartesiana, bem como a tentativa de construir as

4. Refere-se "a propriedade de estados quânticos entrelaçados, no qual dois estados entrelaçados 'colapsam' *simultaneamente* no ato de medição de um dos componentes emaranhados, independente da separação espacial entre os dois estados [...] *'estranha ação a distância'*" *(Wikipédia)*.

bases de uma "ciência com consciência", ou uma "ciência aberta", termo que outro crítico, Paul Feyerabend, usou em sua famosa obra *Contra o método*, uma referência clara de que muito da ciência foi cooptado por métodos reducionistas de abordagem da vida e do saber – cartesianos. Outros cientistas de destaque neste campo são: I. Prigogine, I. Stengers, H. Altlan, A. Wilden e o profundo D. Bohm; os quais levam adiante o famoso *princípio da incerteza* do grande físico W. Heisenberg. Os biólogos G. Bateson e, depois, R. Sheldrake têm pesquisas muito importantes sobre o novo modo de compreender a vida de maneira integrativa e sobre a ideia dos "campos mórficos" em que se situam os indivíduos e são por ele determinados. O que lembra a visão das Terapias Familiares e Sistêmicas, inovadoras e profundas como a Terapia Sistêmica Fenomenológica, de B. Hellinger, em que os antepassados fazem parte e os excluídos, têm peso no sistema em direção a serem incluídos[5].

• Quando se fala em método, logo vêm à tona as novas visões pautadas na ***interdisciplinaridade*** ou mesmo na ***transdisciplinaridade*** (termo criado por Piaget), palavras para designar automaticamente os limites e condicionamentos das visões disciplinares em que cada coisa entra numa caixinha incomunicável do saber. O *trans* é o ideal maior, na medida em que cria laços entre os saberes que são atravessados uns pelos outros e criam alguns sentidos comuns. Em tudo isso, trata-se de uma questão de saber qual a lógica que está sendo adotada e que vai gerar consequências piores ou melhores, lúcidas ou unilaterais; se temos uma lógica complementar, integradora, multi-inter-transdisciplinar (MIT), temos maiores chances de entender e resolver os problemas – ambientais e de saúde, no caso. Neste aspecto, vale ler o *Manifesto da transdisciplinaridade*, de B. Nicolescu.

• A **Teoria da Auto-organização da Vida** e a ação-enação de Maturana e Varela são visões na mesma direção, complexidade, interdependência e superação da postura cartesiana e de uma concepção materialista, dicotômica e objetificada da vida, que não consegue abordar o processo

5. Cf. Pelizzoli, 2010b. • "O amor do espírito" na *Hellinger Sciencia*. [s.l.]: Atman, 2009.

de auto-organização dinâmica e recorrente da vida (*autopoiesis*), nos seus "conjuntos de coordenações de coordenações complexas", ou mesmo mostrando que a emoção e o amor compõem a ontologia dos animais. Igualmente, a importante "Teoria de Gaia" deve ser citada aqui, mostrando a Terra como um organismo vivo, auto-organizativo, descrita por J. Lovelock e L. Margulis.

• O advento da **Psicanálise**, na nossa avaliação, é talvez a maior revolução paradigmática, cultural e que põe em xeque o modelo do sujeito do saber dominador, identitário, maquínico, racionalista, cartesiano. Freud e seus grandes seguidores, como Jung, Reich e Lacan (e ainda M. Klein, F. Perls, D. Winnicott, C. Rogers, M. Erickson, K. Wilber), trouxeram a questão para o coração do sujeito, ou seja, como na hermenêutica, remete-se toda questão – saber, ciência, doença, ações no mundo, instituição e tudo o mais – ao sentido da vida psíquica, afetiva, familiar e com o inconsciente (e natureza), relacionada ao sujeito e seu desejo. A loucura passa a ser percebida dentro da própria racionalidade vigente, opressora, que afasta o homem do animal, do instinto, da sexualidade, da expansão da vida, tanto quanto afasta do fato da morte, dos limites, da alteridade. Elementos que antes eram rechaçados pela ciência e filosofia, tais como o sonho, a sexualidade infantil e adulta, o método da fala e livre associação, o inconsciente, a bioenergia, a sombra e o inconsciente coletivo, entre outros, são colocados na linha de frente, desmascarando as construções de uma cultura e ciência que perdem a consciência e boa parte do humano e da natureza (e a sombra) em sua vitalidade. Somos seres erráticos, *sapiens et demens*, que precisamos olhar para dentro de e para fora de nós, para além dos condicionamentos reducionistas e objetificadores.

O genial *W. Reich* formou escola nas terapias corporais, com uma visão libertária das opressões que obstruem a vida como prazer, vida natural, bioenergia, expansão e o saber amar. As perseguições que o trabalho revolucionário de liberação de couraças corporais-emocionais e a bioenergia *orgone* recebeu são talvez o melhor exemplo de como a sombra negativa da cultura ocidental é doentia e perigosa quando remexida: Reich morreu na prisão. Entre seus seguidores está A. Lowen, criador da Bioenergética, importante terapêutica presente entre nós. Laing, Cooper, Szasz, Foucault, Goffman, fizeram história com a *Antipsiquiatria*, modelo que olha a relação com o "doente mental" de outro modo, e que abriram caminho para a desmanicomização nos dias atuais.

Cabe, ao lado de Freud, citar os outros dois famosos **mestres da suspeita: Nietzsche e Marx**. Nietzsche é um filósofo para além de seu tempo, precursor de muitos autores contemporâneos, faz uma operação semelhante à de Freud, visando o coração e o desejo e a sombra do sujeito que se manifesta nas instituições e no social, apontando o fracasso latente da racionalidade ocidental, desmascarando religião, ciência e filosofia do século XIX, para apontar para um novo homem, por meio do remédio da estética e da arte. Marx estava mais preocupado com os efeitos da materialização do modelo capitalista, o que suas injustiças cometem sobre os sujeitos em sua natureza social e do trabalho. Como superar a alienação material de consciência, como enfrentar a superestrutura e a infraestrutura na lógica do capitalismo excludente e como criar uma sociedade mais igualitária e justa.

- É neste mesmo período que na filosofia surgem a **Fenomenologia** e depois a **Hermenêutica**. Autores como Husserl, e depois Heidegger, M. Ponty e Gadamer, vão mostrar o papel da consciência na constituição do sentido do que chamamos de real, chamado por eles de "possibilidades de ser", dependente da intencionalidade da consciência. Igualmente, o papel da interpretação e dos horizontes dentro dos quais colocamos todas as coisas, e as quais podem variar muito. Ao mesmo tempo, como nosso olhar é limitado, não apenas porque a vida é muito múltipla e grande, mas porque vemos conforme os nossos instrumentos, sentimentos, condicionamentos; em suma, vemos conforme nosso ser-no-mundo foi estruturado/enquadrado.

- A **arte contemporânea** é um capítulo à parte, mas que mostra culturalmente e visceralmente a ruptura de paradigmas e o nascimento do novo por meio de formas as mais diversas de criatividade. Se por um lado a arte contemporânea parece perder-se no "tudo vale e nada tem valor" – conceito que uso para uma parte da Pós-modernidade – por outro lado expõe nas diversas artes a quebra de padrões racionalistas, cartesianos, identitários. Em S. Dali, o tempo escorre pelo quadro, tanto quanto o enquadramento; não se trata de jogar o irracional contra o racional; mas, mais profundamente, jogar para o que está além das lógicas da mostração e do domínio, o *surreal* acima de real-irreal, e que exige de nós ativar outras disposições humanas e outros modos de ver/sentir/envolver-se e posicionar-se. O *Beijo*, de Klimt, a *Persistência da memória* ou *Freud*, de Dali, a *Latrina exposta*, de Duchamp, *Guernica*, de Picasso, e tantos outros, não são apenas pinturas geniais, são expressões do inconsciente coletivo de uma tradição; falam visceralmente, possuem dor, o avesso de nós, provocam, e muito mais, ou menos. Uma série de movimentos e "escolas" (tentativa de enquadrar algo que escapa) surgem, como movimentos de vanguarda: *Expressionismo, Cubismo, Dadaísmo, Surrealismo*, ou mesmo um certo *Abstracionismo*, quebrando padrões vigentes e apontando para a criatividade e o novo. Ou algo massivo e pós-moderno como em A. Warhol.

Grandes *literatos* como Kafka, com sua *Metamorfose*, coloca no papel quase que de modo espontâneo e intuitivo ou simples o absurdo do tempo, o *Castelo* em que nos enredamos, a transformação que ocorre no tempo e em nossas subjetividades, o *Processo* que nos condena sem que saibamos de onde nem o porquê. A atualidade e criatividade crítica de um Saramago é notável, mas há brilhos próprios em cada nome, como J.L. Borges, F. Pessoa, O. Paz, J. Cortazar, C. Cavafis, M. Yourcenar, E. Sabato, ou o inusitado M. Proust; o gênio Goethe (século XIX), V. Hugo, T. Mann, João Cabral. Jack *Kerouac* (autor de *On the road*) foi o pai do Movimento Beat, mas também um místico-mundano libertário, exótico para seu tempo. É o mesmo período em que surgem num cenário poético e de liberdade, de sensibilidade e criatividade, autores como Gibran, H. Hesse, A. Huxley, Oswald de Andrade, Drummond, Neruda, Rimbaud são preciosidades imensas; os irmãos Souza (Betinho, Henfil, Chico) como artistas engajados, tal como a Tropicália, o Movimento Armorial, o Mangue Beat, entre tantas expressões, como O *grito* de nosso tempo (quadro de E. Munsch). J. Joyce escreve *Ulisses* e o fantástico *Finnegans Wake* como obras monumentais de um tempo ainda pulsante.

Cineastas como Chaplin, Bergman, Fellini, Bunuel, Tarkovski, Godard, Pasolini, Herzog, Kurosawa, W. Allen, Glauber Rocha, entre outros, têm mais do que drama, diversão ou esquisitice para mostrar, são como que canalizadores de mutações deste tempo, transformações existenciais e dilemas, perdas ou recuperações de sensibilidades para contemplar o humano. Como a consciência de Augusto Boal (o Brecht brasileiro), com o salutar *teatro do oprimido*. Ou ainda: Artauld, Beckett, Canetti, Eliot, Lorca, Ionesco, Rilke, Schiller, Wilde, Zweig, apenas para citar alguns sujeitos surpreendentes do século XX.

Da contracultura aos novos paradigmas

Na Era da Crise, de meados para o fim do século XX, é também onde se afirmam **grandes ideias, ideais e movimentos**, filosóficos, estéticos, libertários, em busca de um mundo melhor, mais justo, com a volta às culturas primitivas, originais, tradicionais, com o resgate dos direitos humanos e da natureza. É neste contexto que se afirmam alguns tipos de pensamento ou posturas chamadas de holísticas (*holos* – todo), pretendendo também superar a frieza e dicotomia do paradigma citado anteriormente e da sociedade industrial de consumo, de massa. Mesmo alguns movimentos de *underground*, sociedades de rebeldes, poetas boêmios, ou já mais organizados como grupos anarquistas, têm um papel como sintoma de uma reação ao estado social e econômico violento e regelante em que nos metemos, e buscam uma nova forma de vida.

Ocorre neste tempo uma nítida **reação**, marcantemente nos anos de 1960, década em que pipocam revoluções libertárias de esquerda pela América Latina, mas também Europa e outros lugares. Neste tempo houve um pico de poluição e contaminações do corpo e do meio ambiente, com o uso crescente de DDT, agrotóxicos, aditivos químicos alimentares, amianto, chumbo, venenos de toda ordem, apenas para citar alguns. Então surge com força entidades como *Greenpeace*, *Earth First*, *Amigos da Terra*, entre outros; em 1972 temos a primeira Conferência Mundial do Meio Ambiente em Estocolmo, alertando, com o chamado Clube de Roma, para os rumos deletérios que o famigerado *progresso* estava tomando. Até culminar na grande esperança com a Conferência Rio-92, com a participação da maior parte dos países e seus chefes de Estado do Planeta. O que se esperava com as lutas ecológicas, políticas, sociais e libertárias é que houvesse uma retomada do equilíbrio ecológico e da vida familiar simples e das comunidades. E que se colocasse um freio no modelo de crescimento econômico danoso e insustentável.

Grandes utopias foram desenvolvidas, num movimento chamado de **Contracultura**, que se espalhou principalmente nos Estados Unidos, Europa e pelo mundo. Aparecem pensadores críticos, como a Escola de Frankfurt – Habermas, Adorno, Benjamin, Horkheimer, Fromm, Marcuse (maior intelectual da esquerda dos anos de1960 e 1970) – questionando a "Razão Instrumental", o "pensamento da Identidade" (do mesmo) e a "colonização do mundo da vida" totalizadora e opressora do humano e da natureza. Grandes pensadores e ativistas como Sartre, Arendt, Foucault, Derrida e Deleuze dispensam apresentação; fizeram seus nomes na história da defesa do humano. Libertários na educação, como R. Steiner (criador da Medicina Antroposófica e das escolas Waldorf), C. Rogers, A. Neil (escola libertária Summerhill), Montessori, Piaget, Vygotsky, Bourdieu, e o maior deles, Paulo Freire. Na área da espiritualidade libertadora temos nomes como Malcolm X, Luther King, Gandhi, Chardin, Dom Helder Câmara, Desmond Tutu, Frei Beto, Dom Casaldáliga, Leonardo Boff (Teologia da Libertação), que fizeram história em defesa da vida, dos direitos, das comunidades e do amor concreto na vida do povo. No seio da Contracultura aparece um dos movimentos culturais mais importantes como reação ao modelo deletério e conservador, e buscando uma volta à natureza: o movimento *Hippie*, e seus derivados. Já de modo mais politizado e organizado ativamente floresceram pela América Latina e pelo mundo pequenas e grandes revoluções socialistas, como em Cuba, Chile, Nicarágua, Venezuela etc., em busca de um mundo mais justo e igualitário.

Na parte nitidamente *socioambiental* desta contracultura, que busca salvar o mundo da autodestruição, com novos valores e propostas sustentáveis, autores como E.F. Schumacher na economia, com seu *small is beautiful*, e mais ainda Georgescu-Roegen, alertando pela necessidade de um *decrescimento* deste modelo de progresso e um desenvolvimento, para evitar a entropia. Enquanto isto, no Brasil, J. Lutzenberger escrevia seu Manifesto Ecológico Brasileiro, no início dos anos de 1970, alertando contra a autodestruição e apontando caminhos ecologicamente equilibrados. De igual modo, E. Galeano, F. Fernandes, ou já Enrique Dussel, maior filósofo latino-americano da Filosofia da Libertação. Nos Estados Unidos, autores como Aldo Leopold já evocam uma Ética da Terra, nos idos dos anos de 1940-1950, mesmo período em que no Rio Grande do Sul o pioneiro H.L. Roessler lutava pela conservação da natureza. Depois aparecem Hans Jonas, o Relatório Brundtland, Arne Naess, Michel Serres, Capra (autor do famoso livro e filme O *ponto de mutação*), e uma gama de autores, ativistas (muitos deles acabam sendo mártires, como Chico Mendes e Irmã Dorothy). As ONGs crescem na medida em que recrudesce a sombra terrificante do poder e do dinheiro sobre a Terra e seus seres: "onde surgem muitos doentes, surgem também novos médicos". Abrindo bem os nossos olhos: como ficar indiferente aos acontecimentos, aos profetas, mestres e gênios e à dor de nosso tempo?

Na parte de saúde, um grande número de cuidadores, médicos ou não, criaram, testaram e praticaram teorias e práticas saudáveis que são muito importantes; a maioria deles não é conhecida do grande público, e por vezes até por profissionais de saúde, devido a toda dimensão de obstáculos científicos, reducionismo e de influências político-econômicas relatadas antes. Citemos alguns destes grandes nomes: Kneipp (Hidroterapia e Dietas Curativas), X. Bichat (Vitalismo), G. Ohsawa (pai da Macrobiótica), B. Lust, V. Priessnitz, L. Kuhne, Padre Tadeo, A. Ehret, J. Skoda, M. Lazaeta Acharan, B. Jensen (pai da Iridologia) A. Wigmore, S. Hahnemann (pai da Homeopatia); M. Gerson (Terapia de Gerson). Na área corporal W. Reich, A. Lowen, M. Feldenkrais. Atualmente temos Servan-Schreiber, L. Pauling, Caldwell Esselstyn, Joel Fuhrman, John McDougall, Neal Barnard. E no Brasil: Yong S. Yum, Peribanez Gonzales, M. Bontempo, A. Botsaris, C. Carriconde. Nos Estados Unidos, o maior especialista integrativo em câncer e talvez o que mais denúncias fez contra a artificialização da alimentação e dos cosméticos é Samuel Epstein. Na Inglaterra, V. Coleman vendeu quase um milhão de exemplares de seu livro *Como impedir que seu médico o mate*. Foram, são e serão cada vez mais nomes que se levantam a partir de um outro paradigma, integrativo e naturalista em prol da saúde humana[6]. Neste espírito contracultural do tempo, um dos autores mais famosos na análise profunda e crítica do mo-

---

6. Uma lista mais completa de autores e medicinas naturais você encontra em Pelizzoli, 2011, 2013.

delo biomédico nos anos de 1970 é *Ivan Illich*, apontando o esquecimento ou "nêmesis da medicina", ao expropriar o seu objeto maior: a saúde.

O que no fundo todos estes autores percebem é o que Max Weber aponta como o **desencantamento** do mundo (natureza e comunidades), a perda da dimensão da liberdade humana e a ameaça de uma vida objetificada, robotizada, oprimida e escrava do capital e do trabalho que não realiza os melhores valores humanos. Estes movimentos estão na esfera do que Freud chamou de "retorno do reprimido", ou seja, resgatam dimensões fundamentais do ser humano em sua relação com a vida, natureza, comunidades, as quais foram sendo danificadas na história e cultura ocidental. Percebem a errância e loucura egoica imperante no Ocidente, sua sombra maquiavélica. A ciência, grande arauto do saber no Ocidente, se por um lado ajuda muito na compreensão destas dimensões e da odisseia dos seres humanos errantes diante do "real", e chega a pesquisas surpreendentes como as da ruptura epistêmica acima, por outro lado ela caiu num processo de objetificação da vida em geral, como pode ser visto na perspectiva cartesiana isoladora, desvitalizante, mecanicista, fragmentária, materialista. Hoje não há quase Ciência e Filosofia no sentido do "amor à verdade", mas antes uma tecnociência cooptada pelas corporações e pelo mercado. Aquilo que deveria produzir saúde acaba por reproduzir a grande patologia. Reich falava de uma peste emocional reinante contra a vida; junto a ela temos uma peste artificial e totalitária, que oprime a vida de várias formas, forçando-nos à inércia, ao consumo insustentável e ao conformismo.

A esta crise e tentativa de salvar o Ocidente da barbárie, por meio da cultura, acompanha um tipo de **novo Renascimento**, em que advêm formas de sabedoria oriental antiga e tradicional no Ocidente (indígenas etc.), estruturadas em várias práticas: espirituais, filosóficas, psicológicas, médicas, energéticas...). O yoga e as artes marciais, bem como as formas de meditação oriental, são partes fundamentais de práticas saudáveis e de equilíbrio mental, o equilíbrio mais precioso hoje. O advento das medicinas orientais no Ocidente é talvez o maior acontecimento (ainda não bem compreendido) na área de saúde do século XX. O diálogo entre racionalidades e terapêuticas diferentes, considerando uma visão sistêmica e integrativa da saúde, é o grande desafio hoje para quem quer curar de fato.

Os Beatles se tornam hinduístas. Nos Estados Unidos, Alan Watts e as escolas budistas tomam muita força no pós-guerra; grandes mestres que fizeram escola como Aurobindo, Yogananda, Osho, Maharishi, Gurdjieff, Prajnampad, o surpreendente C. Trungpa, da *Crazy wisdom*, W. Blake o grande místico, o jovem lúcido E. Tolle dão ensinamentos inusitados e extremamente profundos, ao mesmo tempo em que naturais e adequados ao fluxo da vida humana social e ambiental. E hoje, se tivéssemos que escolher um nome principal para uma cultura de paz, com sua universal e aberta "revolução espiritual do amor", este nome é o Dalai-Lama. Verdadeiro curador da alma.

Costumo afirmar que começa a nascer, nestes momentos citados, em oposição ao recrudescimento do "progresso" material destrutivo, uma nova **Estética** (palavra que vem de *aesthesis:* sensação, sensibilidade). Acima de tudo, precisamos disto que começa a renascer, uma "est-ética", pois a ética funciona somente quando me sensibilizo, quando aprendo "de cor" (ou seja, de *coração*, quando de fato e com meus hábitos e corpo eu "con-*cordo*"). Isto equivale a um olhar ampliado, conseguir ver em meio à cegueira dos tempos, cegueira branca e do excesso de claridade, imagens e barulhos, como mostra Platão, a *Matrix*, ou Saramago. Trata-se de saber ver; negamos nossa natureza social, ambiental e ***cor**dial* quando negamos ver a dor e a beleza da pulsação da vida, da natureza. Uma educação pautada apenas em deglutir informações fica apenas no primeiro nível, precisa aprofundar para o nível da consciência e sensibilidade, para então chegar ao mesmo nível de uma ação boa, justa, efetiva ou afetiva.

Conjunções sociais dos movimentos para os novos paradigmas

Ao lado dos acontecimentos descritos acima, neste período da Era da Crise, aparece, de um modo em parte espontâneo e em parte concomitante, um conjunto de pensamentos e práticas visando sanar o caos em que nos metemos. São eles:

• *Direitos Humanos* e movimentos de *Direitos* em geral; Direitos difusos e do consumidor. Fomos à Lua e criamos a internet, mas temos problemas sérios de garantir Direitos Humanos; eis a maior e tenebrosa contradição da cultura e ego ocidental. O Direito Liberal foi estabelecido como proteção da propriedade privada e de classes dominantes; agora, fala-se em Direito Alternativo, em Justiça Restaurativa e das Comunidades; estamos a caminho de uma mudança de percepção regeneradora. Aí dentro ocorre o nascimento da Cultura de Paz, principalmente com o pós-guerra e a ONU, a necessidade premente de evitar (pela educação em especial) a violência de toda ordem; a defesa da diversidade, do respeito, tolerância racial e religiosa, sexualidades diversas, culturas e minorias.

• *Movimentos Ecológicos*/Educação ambiental. Representam uma reviravolta na vontade de dominação egoica e consumista que o homem ocidental burguês empreendeu contra a natureza. Chegamos a uma sensibilidade de buscar a proteção dos animais e ecossistemas, o que exige de nós força de vontade e percepção aguçada dos impactos éticos, ambientais e de saúde que cometemos, quando, por exemplo, matamos animais para comer. Uma das esperanças para que possamos manter uma vida minimamente sustentável são, ao lado de governantes e políticos responsáveis, tais movimentos emancipatórios. Ignorá-los, não contribuir, não participar em campanhas, é hoje um crime silencioso que se comete. Mesmo a ideia de desenvolvimento sustentável, que tem sido usada de modo ideológico e superficial por empresas e governos na maioria das vezes, temos que utilizá-la, até alcançarmos um nível de segurança socioambiental efetivo, para além das maquiagens verdes.

Aí dentro podemos incluir um conjunto de submovimentos e projetos belos e viáveis para nova organização urbana e social, mais equilibrada e moderada: as ecovilas rurais ou semirrurais, em que uma série de tecnologias sustentáveis tradicionais é utilizada, bem como formas de organização social cooperativada. Os *mercados solidários de trocas, cooperativas de compras; banco social público; moedas sociais; economia de comunhão; uso partilhado de instrumentos; feiras ecológicas e de orgânicos; associativismo*; movimentos como *slow foods, veganismo e vegetarianismo etc.*

• A *Bioética*, não apenas como uma ética médica e hospitalar, mas como um paradigma global sistêmico, protetor e inovador, no contexto da cidadania, autonomia com justiça social. De igual modo, a questão dos *direitos* do paciente e a *humanização da Saúde*, visto que o paciente era um objeto, quase sem direito algum, desinformado, manipulado, uma peça numa engrenagem.

• O *Movimento Feminista* teve e tem importante papel na regeneração de nossas sociedades brutais, machistas e pouco resolvidas. Trata-se aí também da defesa da alteridade, sem buscar criar uma guerra dos sexos, mas debatendo direitos, ética e cidadania igualitária. O advento do feminino (mais do que o gênero mulher) é um aspecto necessário para o equilíbrio psicossocial numa sociedade em que reinou a força masculina e o patriarcado.

• *Movimentos de Rede*. Muitos deles hoje são redes sociais ligadas pela internet, que criam uma nova forma de semiorganização social e de lutas, campanhas (como a *Azaas*), alertas, boicotes e ações em defesa de direitos de toda ordem.

Dentro desta soma considerável de ideias, movimentos e organizações é que lançamos a hipótese de que se trata, no fundo, da ***emergência do(s) paradigma(s)*** **Bioético, Ecológico** (eco: *oikos = casa*), ou **ainda Integrativo, Sistêmico, Holístico, (bio)energético**[7]. Tratam-se de sintomas e movimentos lapidares, tendo a maior parte de seu sentido subconsciente, algo da pulsão da Vida que se expressa por meio de seres humanos em especial, e que visa a um reequilíbrio, pois não se pode contrariar leis da natureza sem consequências, das quais nenhum ser vivo escapa. Muitas espécies fracassaram; está em jogo nosso presente e nosso futuro, diante da grande patologia do Ocidente expressa na cultura gerada pela sociedade industrial de consumo e de massa. Para entender nosso tempo de modo amplo e profundo é preciso ver que a crise (ruptura) e o nascimento do novo não são específicos de uma área, mas integrados (como dizia Capra, em O *ponto de mutação*), e ligam-se ao modelo de *subjetividade* que estamos assumindo ou não assumindo. Atingem a dimensão da Epistemologia

---

7. É neste sentido que publiquei livros com títulos como *Emergência do paradigma ecológico*, *Bioética em novo paradigma*, *Caminhos da saúde* (Editora Vozes); *Saúde em novo paradigma* (Edufpe) e *Homo ecologicus* (Educs).

(validação e modelos de ciência e de saberes...), Ética (valores, ações...), Psicologia (mente, alma...), Cosmologia (visão e colocação no mundo), Política (ação social...), Espiritualidade, Estética (sensibilidade...), enfim, *Cultura* no sentido maior do termo e do que cultivamos em nós, com os Outros e com a natureza. É neste sentido que as melhores compreensões do saber e das práticas sociais são feitas com base em visões ou padrões: transdisciplinar, multicultural, biodiverso, cooperativo, naturalista, libertário, entre outros.

Obstáculos epistemológicos pontuais do paradigma cartesiano

O paradigma dominante no modelo de ciência e de progresso, citado acima, está cooptado no molde do *procedimento epistemológico condicionado pelo cartesianismo mecanicista e pelo mercantilismo das corporações*. Este modelo tem algumas *características críticas* marcantes:

1) O corpo e a natureza são objetos MECÂNICO-QUÍMICO EXPERIMENTAIS, sem *corporeidade* (mente-corpo interacional, vivo, ambiental, orgânico, energético, móvel, mutável).

2) Ocorre, neste *reducionismo*, a OBJETIFICAÇÃO da vida-organismo-processo-ambiente, de modo que se cai no *mecanicismo* e na tecnificação; daí, por exemplo, uma medicina como "mediação maquinária absoluta"; "engenharia de órgãos"[8].

3) Ocorre uma vertiginosa FRAGMENTAÇÃO pela especialização e parcialidade das abordagens; com cada profissional entendendo uma parte da parte e de modo unilateral.

4) Ocorre a redução do olhar/pesquisa ao acesso FÍSICO-QUÍMICO QUANTITATIVO e à demonstração no estilo matemático-quantitativo, de modo exclusivista.

5) Há a EXPULSÃO dos saberes tradicionais locais, da contextualização.

6) IGNORAM-SE ou rechaçam-se de técnicas sustentáveis milenares de outras culturas.

7) Há a PERDA da dimensão da saúde como base, PREVENÇÃO, *vitalidade*; perda da dimensão *eco*lógica ambiental da saúde. É a perda da SALUTOGÊNESE.

---

8. Cf. *Contra a desumanização da Medicina*, de Paulo Henrique Martins.

8) Processo de ARTIFICIALIZAÇÃO crescente, em que se confia cada vez menos no corpo, na natureza, na *vis medicatrix naturae*, na intuição, nos saberes tradicionais, no saber empírico e nos sábios.

9) MERCANTILIZAÇÃO crescente da natureza e da saúde (doença como mercadoria, disputada como fatia de mercado, como empresas papa-defunto disputam cadáveres).

10) Perda da dimensão PSICOSSOMÁTICA.

Em que princípios epistemológicos deve então pautar-se a visão ou paradigma ambiental?

Nos novos paradigmas, aglutinados sob o nome de *paradigma ecológico ou ambiental*[9], os quais lentamente têm buscado adotar modelos de Epistemologia/Ciência/Metodologia de base: **interdependência, complexidade, holística, sintética, intuitiva, sistêmica, integrativa** (pós-dualismo psicofísico), **transdisciplinar, aberta, dialético-dialogal, pós-materialista, sustentável, bioética** (alteridade), **qualificadora, olhar do campo, intercultural-histórica** (tradições, hermenêutica), **simbólica, (bio)energética.**

O desafio para todo profissional é compor uma visão integrativa ampla ao mesmo tempo que profunda, mesmo que ele se especialize em algum setor específico. O desafio é igualmente conseguir sucesso no **tripé** da mudança:

1) *Desafio epistemológico* (tomar consciência disso que estamos mostrando aqui em termos de discussão científica crítica e de fundamentos).

2) *Desafio político-institucional* (a abertura e o embate que ocorrem dentro da instituição formativa ou de poder, privado ou público).

3) *Ético/sensibilidade* (a sensibilidade e a capacidade/vontade e ânimo e fé na vida que o profissional tem ou não para cuidar da vida de fato e tornar-se melhor, e não apenas um reprodutor do sistema do mercado)[10].

No próximo capítulo traremos novamente este elenco do cartesianismo com outros elementos, pois entender este paradigma é crucial para

9. Cf. Pelizzoli, 1999.

10. Sobre tudo isso cf. Pelizzoli, 2007 e 2011.

entender a crise ambiental. De igual modo, vamos explorar algumas visões que se pautam nos princípios epistemológicos citados acima, tal como a visão hermenêutica que deve permear a educação ambiental.

Referências

BERTALANFFY, L. *Teoria Geral dos Sistemas*. Petrópolis: Vozes, 2008.

GRACIA, D. *Fundamentos de Bioética*. Madri: Triacastela, 2008.

HOBSBAWM, E. *A era dos extremos* – O breve século XX. São Paulo: Cia. das Letras, 2008.

KUHN, T.S. *A estrutura das revoluções científicas*. 7. ed. São Paulo: Perspectiva, 2003.

NICOLESCU, B. *Manifesto da transdisciplinaridade*. São Paulo: Trion, 1999.

PELIZZOLI, M.L. *Manual sintético de saúde* – Prevenção e cura em saúde integral. Recife: Edufpe, 2013.

______. *Homo ecologicus*. Caxias do Sul: Educs, 2011(b).

______. *A emergência do paradigma ecológico*. Petrópolis: Vozes, 1999.

PELIZZOLI, M.L. (org.). *Novas visões em saúde*. Recife: Edufpe, 2013.

______. *Diálogo, mediação e práticas restaurativas*. Recife: Edufpe, 2012.

______. *Saúde em novo paradigma* – Alternativas ao modelo da doença. Recife: Edufpe, 2011.

______. *Os caminhos da saúde* – Integração mente e corpo. Petrópolis: Vozes, 2010.

______. *Cultura de paz*: Restauração e direitos. Recife: Edufpe, 2010.

______. *Bioética como novo paradigma*. Petrópolis: Vozes, 2007.

Site: www.curadores.com.br

2

Ambiente e ética em novo paradigma: do cartesianismo à educação ambiental

O tema que estamos tratando faz a junção de **ética** e **filosofia** direcionadas ao **ambiente**[11]. Trata-se resumidamente de compreender grandes tensões e contradições; e permitir-se contemplar a vida como inter-relação, buscando *sabedoria* (experiência) *mais do que informação,* com coragem e equilíbrio, construídos a cada dia com nossa vitalidade pessoal e social. Qual a nossa motivação na vida? O que é ambiente? Não é apenas um lugar físico; é antes de tudo o encontrar-se "em situação", contexto sociológico e cultural; é algo que vem "de dentro" para fora, mas também quando nos defrontamos com o fora; assim chegamos **à** questão ambiental. Ela interpela o sentido que damos à vida cotidiana, e interpela se sustentamos um sistema de manutenção ou de entropia, de vida plena ou degenerada. O passado enterrado cobra seus efeitos, reclama dolorosamente sua redenção, e as novas gerações nos vislumbram, temerosas do que vão encontrar. *Ideias são possíveis de escamotear; não a dinâmica da natureza, não a realidade da vida humana, não o que somos e o que nos fazemos ser.*

A *ética,* bem-entendida, é a base da vitalidade pessoal; portanto, social e ambiental. A grande dificuldade nessa temática diz respeito às visões contaminadas (dicotômicas, utilitaristas) que separam demais o ambiente e a política, interno e externo, natureza e cultura, saber e sensibilidade. Assim, algumas pessoas pensam que ética é moralismo, e ambiente é lugar natural e verde "lá fora". Pensam que vivemos isoladamente das pessoas e do mundo, o qual seria um espaço físico e material. No fundo, trata-se de saber olhar verdadeiramente, de viver a vida presente, e não só vê-la

11. Na questão ambiental há sempre o risco do mero discurso. Não tenho muitas ilusões quanto aos discursos; talvez o melhor deles seja o que quebre todo discurso vazio e toda hipocrisia.

passar. Ambiente, ética, filosofia, ecologia têm sabor: trata-se de **saber viver**; desenvolver sabedoria de vida, ir direto ao que interessa, à essência, à raiz, à motivação de tudo aquilo que estamos construindo. Trabalho, gestão ou política (ambiental) sem ética e reflexão, sem o sentido do viver, é uma contradição, ou até uma hipocrisia. Por isso, a ética da vida, a ética ambiental, o abrir-se para a sensibilidade da vida, é a base e o início de qualquer gestão e de qualquer ambiente, de qualquer cultura. A saber: *a ética como sensibilidade não é apenas uma disciplina*, ela é o coração de todas as disciplinas; em ecologia e na vida fica evidente que a visão de interdependência (teia) é crucial. É preciso despertar para ver, e ver aquilo mesmo que está diante de nossos olhos.

Sobre o conteúdo desse capítulo pretendo aqui dar os seguintes passos:

I. O que é ética? Diferença entre ética e moral. Um histórico de conceitos dependentes. Como o ambiente está aí dentro. O que é natureza? Ética naturalista e reflexão filosófica.

II. O que é paradigma cartesiano?

III. Como o cartesianismo se manifesta na educação?

IV. Em que contexto surge um novo paradigma, ecológico; e como começar a superação do cartesianismo na área ambiental e educacional por meio do olhar hermenêutico e ecossistêmico?

I
O que é ética?

Tópicos iniciais a considerar:

• Não é essencial saber o que exatamente a ética é, mas antes, de algum modo viver o seu anseio, fazendo a *experiência* do cuidado da alteridade na vida.

• Para responder a esta questão, precisaríamos olhar cada cultura e cada situação de relação ou conflito em particular.

• Igualmente, pensar sobre o modelo e o ideal de vida que estamos seguindo. Qual o meu estilo de vida e de consumo?

• É útil diferenciar *ética* e *moral*. Códigos e pregações morais podem ser repressores e no fundo cair num descrédito.

• Por isso é preciso anteceder ao moral(ismo), para além da dicotomia bem X mal e investigar a raiz do que facilita ou dificulta a vida ética (viver bem consigo e com os outros – mundo, natureza, divino –, em instituições justas; eis um enunciado básico e geral).

• Notemos que há uma inflação de discursos falando de moral e ética; é um sintoma de nosso tempo de urgências. Muitas vezes são discursos hipócritas, meramente formais, abstratos, academicistas.

• Na história do Ocidente houve uma expulsão da ética relativa aos seres **não** humanos, os quais são, em geral, mortos, comidos, violados, despelados, escravizados e explorados. Do mesmo modo, há uma perda da interligação atual com as gerações futuras, tanto quanto dos antepassados.

Reflexões a partir do *ethos*

Esta palavra grega tem o sentido de *habitar, morar, morada*. Evocaremos outros termos gregos interdependentes a partir do *ethos*: *pólis* (cidade, daí *política*); *cosmos* (universo, daí *cosmologia*: ordem e harmonia dinâmica em movimento; beleza, daí *cosmético*); *bios* (vida, vivo); *metron* (medida); *homeostase; oikos* (daí *eco* – casa, -, de eco-logia, eco-nomia). Originalmente, veja que não se trata aqui de uma visão normativa, de códigos de moral, ou apenas do comportar-se, ou sob coação de lei. O sentido do *dever* é sim presente, mas não é o único. A palavra latina *moral* originalmente tem o significado de *costume*, hábitos, modos de agir... Em *ethos* há este sentido; mas há também um sentido bem maior.

O habitar refere-se ao equilíbrio da própria vida/organismo num ambiente, o que significa dizer que devemos estar em *homeostase* (*homo* = mesmo, junto; *stase* = base, substância, suporte...). "Homeostase" é um termo biológico para falar de sistemas naturais, ecossistemas, em dinâmica de *equilíbrio*. Homeostase é estar em *harmonia* (cosmos) dentro de um sistema, dentro de um *habitat*. Começou-se a falar, há alguns anos, na *biosfera*, a qual é regida por subsistemas autorreguladores em processo. Pensemos na grandeza e impacto dos fenômenos naturais, ou de tudo o que acontece entre os seres numa selva, ou mesmo em nosso corpo. Por mais diversidade, diferença, agressividade e morte, há uma sinfonia implícita e explícita, ou uma série de sinfonias onde a maior é a biosfera. Ou ainda, pensemos na terra como *Gaia* – como organismo vivo que se auto-organiza, a vida comanda a própria criação e os processos naturais; inclusive na interação com os minerais, o não vivo participa do vivo! *Habitat* remete a habitar. Habita-se pondo "a casa em ordem" (cosmos), ou as coisas no seu devido lugar (*ethos*). Para habitar ordenadamente não se pode ter uma atitude destrutiva, contra a vida, *anti-biótica*, mas pró-vida (probiótica), a favor da natureza (*physis*). Habitar a favor da natureza, colhendo seus benefícios, compreendendo sua harmonia dinâmica (homeostase do *cosmos*, da *physis*), é ir a favor da corrente natural, do *tao*, termo do taoismo, já no Oriente. Neste sentido, as grandes tradições culturais, como os gregos antigos, ou correntes orientais antigas, e muitas culturas africanas, indígenas, ameríndias bem próximas, convergem neste estabelecimento do habitar *a favor de* ou nos fluxos naturais do funcionamento dos ecossistemas, e na consideração de uma biosfera dinâmica – mas em crescimento equilibrado. *Natura, tremens et fascinans*[12]. Assim, estamos no coração de uma ética naturalista.

Num esquema simples, do *ethos* como habitar, podemos lançar três **níveis de abordagem**, separados apenas didaticamente:

1) O *nível pessoal* (que chamaremos de *moral*). Comportamento e vida íntima.

2) O *nível ambiental*, no sentido do lugar geográfico e cultural, ecossistêmico; onde nos enraizamos e fazemos *morada*. Quem mora se "demora" (morar vem de demorar-se, em algo ou lugar; estabelecer um lugar seu, de um grupo, e não mais restar nômade). Muito rico este sentido, foca a inserção da pessoa num cultivo, a partir de uma agri*cultura*; leva a uma cultura coletiva, de arte, estética, escrita, instituições, encontros, festividades, povo "*folk lore*"... Somente somos sujeitos porque somos com os outros e como seres de cultura – vida otimizável, readaptada continuamente dentro das impermanentes interações com os ambientes.

3) O *nível político*. O segundo nível evoca já o terceiro, da esfera pública. Não vivemos em moradas e famílias isoladas, mas em vizinhanças, em bairros, em cidades, em estados, em nações. O nível do político é o nível mais alto do *ethos*, se considerada a questão da intersubjetividade, da sociedade e da cidadania. Se a política foi separada

---

12. Ditado latino: Natureza, tremenda (assustadora) e fascinante.

da ética, trata-se agora, não como simples retorno ao mundo clássico, de reinserir a ética no seu lugar mais alto, a política, as coisas da *pólis*, onde se resolvem os destinos das comunidades. Vivemos em constelações sociais, e o mundo urbanizou-se.

Se tocamos no nível político, e nas considerações da casa-planeta como biosfera, *Gaia* (*Geia*), não podemos deixar de evocar o termo *eco* (*oikos*). O *eco* é a casa, a comunidade, onde se organizam os bens, onde se administram as coisas da comunidade, da família. Se *ethos* é habitar, morar, o *eco* é a **economia** do lugar. *eco* + *nomos* (lei, administração, organização). A economia, na origem, não é apenas cálculo, lucro e progresso como conquista material e tecnológica, mas boa administração da casa e da comunidade. Por consequência, é uma ecologia (*eco* + *logos* (sentido, racionalidade)), que trata da racionalidade da casa, do seu sentido não apenas verde, mas ambiental do *ethos*.

É por isto que fala-se hoje em: *1) Ecologia mental (pessoal)*, *2) Ecologia ambiental (natural, biótica)* e *3) Ecologia social (política)*, inseparáveis. Daí que não pode existir uma boa economia se ela não configurar uma ecologia; esta deve ser sempre a base, a orientadora daquela. Uma economia distanciada do *ethos* e da *eco-logia* torna-se apenas um instrumento de dominação da natureza, de conquista e exploração das pessoas, e de progresso material guiado pela racionalidade instrumental, por fim violenta.

Falta-nos ainda, dos termos citados, dizer que o *métron* era muito apreciado pelos gregos, no sentido de manter a ordem humana, espelhada no *cosmos*; a *pólis* deve imitar o *cosmos* – dinâmico mas em ordem. Para isto é preciso seguir o *métron*, a justa medida; trata-se de viver a ação correta, o caminho correto, ao contrário do que leva ao erro e à doença. Estar em desmedida, ser desmedido é transgredir os limites da natureza e sua ordem natural; é como beber demais, comer demais, usar de violência, desrespeitar a comunidade, a beleza e a cidadania. Aquele que o faz, cai na *hybris*; na mistura perigosa. Daí a palavra *híbrido*, como em semente híbrida, misturada, alterada. Evitar os perigos da *hybris* é fundamental. Mantendo a constância do caminho, no *métron*, na via natural, acreditando (em termos de saúde, por exemplo) na *vis medicatrix naturae*, a força curadora da natureza. É ela que reorganiza e cura, quando entramos "na linha", na *homeostase*; mas, quando abusamos da *hybris*, ou somos pegos por uma *moira* (destino ou carma) negativa, e a ela nos escravizamos, estamos na possibilidade de deixar abater-se pela doença. A doença, como nas visões orientais, quer nos avisar e levar de volta à saúde. Mas é necessário colaborar, e às vezes fazer mudanças radicais de hábitos. Assim, temos a ação correta, vindo de motivação correta; ética é coragem de ser (numa visão humanista, um tipo de coragem de amar).

II
Visão racionalista moderna e o paradigma cartesiano

Impera em toda concepção (epistemologia) do saber clássico e medieval ainda o papel da *ordem natural* (como vimos nas palavras gregas), das coisas que são feitas fundamentalmente para serem admiradas, numa ciência mais contemplativa, teorética, observativa (*theorein* como contemplação...), com menos potência de dominação e menos objetificação. É com o *Renascimento*, com as *navegações* e o *mercantilismo*, e com a ***Revolução Científica***, e então as filosofias do *Iluminismo* e mais tarde do *positivismo*, que há a mudança paradigmática mais drástica na humanidade, com o papel do homem europeu como interventor e criador de uma segunda natureza. A nova racionalidade desembocará numa "razão antropocêntrica dominadora". O homem começa a assenhorar-se equipadamente da natureza fazendo outra história. Isto quer dizer que o homem não é mais uma parte da natureza, mas coloca-se acima dela, como autônomo. O homem racional promulga a lei, tal como ele infere leis da natureza, gerando instrumentos e meios para *controlar*. Dominar a natureza, em quase todos os aspectos, faz parte sim da vida humana no planeta; *mas* outra coisa é a permissão ou odisseia para a *objetificação*, a dilapidação e os modelos políticos e de desenvolvimento insustentáveis e "desnaturados". Com certeza, os mentores da Revolução Científica não imaginaram em que grau chegariam os seus continuadores, nem que haveria uma bomba que em um dia mataria 50 mil pessoas.

Alguns autores[13] consideram que só passamos por *quatro grandes paradigmas* civilizatórios na humanidade: 1) Agricultura e fim do nomadismo; 2) Cristianismo junto com Império Romano (e eu acrescentaria a filosofia grega); 3) Revolução Científica; e 4) O início do atual *paradigma ecológico*, holístico. Basta ver os grandes acontecimentos do século XX.

---

13. Cf. CAPRA, F. O *ponto de mutação*. São Paulo: Cultrix.

Ao contrário das perspectivas adaptativas naturalistas gregas, medievais e também dos povos orientais e muitas comunidades étnicas diferentes pelo mundo[14], a Revolução Científica dá cada vez mais ênfase ao papel da objetividade e do racionalismo, no sentido de apoderar-se da diferença, a estranheza, a *alteridade*, o caos natural assustador. Não se trata mais de valorizar a subjetividade nos seus múltiplos aspectos (emocionais, religiosos, artísticos, românticos etc.), mas o equipamento do sujeito conhecedor (a maquinaria do conhecimento transformando-se em tecnologia...), que vai legislar sobre o universo, inferir, modificar e criar leis de funcionamento do real. Cognitivamente, até Kant pelo menos, no conhecimento filosófico funciona o esquema tradicional de vetor **Re → S → P → I → L** (*Real → Sentidos → Percepção → Ideia → Linguagem*), onde pretensamente a linguagem veicularia o que é o real captado, e este, acreditava-se que seria independente do sujeito conhecedor (S – O).

Isso nos leva a pressupor a ligação inexorável entre as explorações mercantis, o surgimento dos *burgos* e burguesia, Navegações, o Renascimento, a Revolução Científica e o grosso da filosofia moderna (em especial os matemáticos Descartes e Kant). Este último, por exemplo, decreta a separação entre conhecimento científico e vida prática (ética) (bem como os "saberes não científicos", como o fez notadamente Descartes).

II.1
Sobre a Revolução Científica e o cartesianismo

Para ficar mais claro veremos pontual e sinteticamente as características da abordagem do saber no espírito da Revolução Científica e do que se convencionou chamar de *cartesianismo* – já para além da filosofia de Descartes, pois trata-se do *modelo epistemológico*[15] que guiará as ciências

14. É incomensurável o valor dos saberes medicinais, artesanais, agrícolas, logísticos etc. dos povos indígenas!

15. *Epistemologia* é uma das palavras mais importantes hoje na Ciência. Trata-se de reflexão de fundamentos dos modelos científicos vigentes, seus métodos, hipóteses, as teorias etc., como um tipo de filosofia da ciência. Toda área tem fundamentos epistemológicos, de onde partem as orientações de pesquisa, do seu objeto de estudo, dos modelos de validação do conhecimento, considerado verdadeiro e científico. Epistemologia é algo como uma teoria crítica abrangente do conhecimento em nível de ciência e seus fundamentos (cf. PELIZZOLI, 2007, 2010 e 2011).

naturais e por vezes as ciências humanas, até hoje. Estudar o cartesianismo e os modelos de ciência vigente é um dos pontos mais cruciais para entender o sentido da questão ambiental e as crises de paradigmas de todas as áreas do saber.

Características epistemológicas básicas da Revolução Científica em seus efeitos problemáticos *(o cartesianismo)*:

- Instituição do **método** como fundamental/oniabrangente (*metodologismo*). Apenas o que passa pela determinação formal e material de determinados métodos (chamados científicos), poderá ser validado. Ele passa a contar mais do que o próprio resultado.

- **Reducionismo**, pelo método, no espectro/campos objetivados pela pesquisa; ênfase na abordagem de elementos isolados, fragmentados, analíticos, compartimentados. Então, temos a **fragmentação** do saber e das disciplinas até hoje presenciada; a isto acompanha a *atomização* analítica da abordagem, e o *especialismo*, as especialidades que aprofundam, mas perdem a amplitude e a complexidade. Trata-se de reduzir a elementos separados manipuláveis, a métodos na ordem do mensurável químico-físico restrito em especial.

- Tal fragmentação e o papel diretivo do método gera a *perda da dimensão da **complexidade***[16] e da interdependência de fatores, ou seja, a visão sistêmica e sintética, já que a visão imperante é **analítica.** O resultado do procedimento simples, no sentido de um conhecimento produtivo (*know-how*) ou produto que "funciona", lança a falsa ideia de sua unidirecionalidade e inevitabilidade. Olhar a complexidade exigiria cuidados procedimentais redobrados e um princípio de precaução os quais "atrasariam" o chamado progresso, segundo alguns.

- Abre-se caminho para um **materialismo** científico, na consideração meramente de elementos de ordem físico-química. A medicina como

16. Ótimo pensador nessa área, hoje, é Edgar Morin. Cf., p. ex., *A inteligência da complexidade*.

"engenharia de órgãos" ou a agricultura pautada na abordagem químico-física do solo (desvitalizado), ou a consideração da mente e da psique como processos apreensíveis materialmente (cerebrais), passíveis de "correção" neuroquímica, são alguns trágicos exemplos deste materialismo. Cabeça e corpo perdem a mente e o coração.

• Ênfase *quantificadora* muito mais do que *qualificadora* ou humanizadora na pesquisa. Portanto, o papel enfático da matemática e de uma **matematização da realidade**; daí o apelo exaustivo ao calculismo. Ela será a grande linguagem explicativa (mas não *compreensiva*) de mundo, já que este seria ordenado por leis mecânicas, físico-materiais, químicas. Há a obsessão da quantidade, como a "quantidade de inteligência", "quantidade de genes", "quantidade de átomos".

• Predomínio absolutista das **ciências naturais** e seu estatuto epistemológico-metodológico sobre todo saber. Ocorre a exigência de um pretenso rigor às ciências humanas, devendo estas serem rebocadas cientificamente pelas ciências naturais. É como se as naturais tivessem chegado ao âmago do real tão sonhado pela metafísica, mas pela via da matéria, do laboratório.

• Reforço do *processo de secularização* (exclusão gradual do poder religioso e do papel da espiritualidade) e a consequente expulsão do elemento *sagrado* da vida. Junto a isso, o **desencantamento** do mundo, pela perda da dimensão simbólica, mítica, tradições culturais inseridas no *ethos* e *oikos*. O Sol passa a ser hidrogênio e hélio; o céu, gases; a pessoa, células e genes; as árvores madeira etc. A religiosidade passa a ser vista como primitivismo.

• Início da clara concepção do "*saber como poder*" (Bacon). Poder científico, então atômico, biotecnológico, bélico... Separação entre saber e ética.

• **Mecanicismo** como grande explicador do real (metáfora do mundo e do corpo como uma *máquina*). O universo compõe-se de força e partículas engenhadas, tal como engrenagens. Por fim, o mundo passa a ser visto pelo viés das máquinas; estamos em meio a programas informacionais (como no filme *Matrix*).

• **Crítica e perda da tradição**. O *cartesianismo* revela um salto e futurismo tecnológico que deixa para trás, como sem valor para o saber, a tradição; tudo o que foi conquistado como saber não metódico é considerado como não científico (a biomedicina e a agricultura mecanicista são os exemplos fatais). A mediação tecnocêntrica total invade até a dimensão da intimidade amorosa. A tradição e as culturas tradicionais são solapadas pelo novo modelo industrial com consequências culturais "fantásticas"; e que nos deixam órfãos de ambiente, cultura e comunidade.

• Isto gera a **perda da dimensão orgânica e viva da natureza** (incluindo o homem e seu corpo). É como se a natureza e o corpo não operassem com vitalidade ecossistêmica, processual, interdependente, não tendo uma sabedoria própria, mas precisassem a todo tempo ser corrigidas, sanadas, limpas, assistidas, combatidas no mais das vezes. Como se o centro do problema fossem os gérmens, vírus, bactérias, fungos, insetos, animais desagradáveis, terra...! É como se não soubéssemos mais parir filhos, prevenir, amar e criar sustentabilidade. É como se precisássemos de drogas tecnológicas da felicidade, e dilacerados em partes mecânicas e materiais.

• Temos, junto a isto, a **perda da dimensão psicossomática**, especialmente na biomedicina e nas ciências da saúde em geral. O corte radical entre mente e corpo, emoção e biologia, é um corte epistemológico com consequências desastrosas, revelado na desumanização da medicina, na incompreensão do papel e limites das emoções, no papel da mente pessoal e da mente social como centro da vida pessoal. É grave: o cartesianismo não sabe lidar com dimensões psicológicas e existenciais.

• Por fim, a **objetificação** das relações homem-natureza e então homem-homem, pautadas na relação de dominação total no vetor **S → O** (sujeito-objeto). Na filosofia, a visão de predomínio da racionalidade dominadora sobre o "frio universo material". Por conseguinte, a dicotomização (pensamento-matéria, corpo-alma, razão-emoção, eu-outro) é acentuada. *Objetificação* não é só o fato de produzir *objetos*, ou de nos separarmos da natureza, mas o estabelecimento de padrões ou paradigmas que moldam relações instrumentais, dentro da perda de dimensões *essenciais* do ser humano (natural, social, cultural...), a ponto de que humano e natureza devam ser constantemente modificados e "melhorados", por exemplo.

Como conceito sintetizador deste modelo epistemológico (dentro deste último ponto acima), com assustadoras implicações cosmológicas, ontológicas, culturais e éticas, temos o que se chama de CARTESIANISMO, neste processo de *objetificação das relações sociais/vitais e do saber instituído*. Não se trata apenas da filosofia de Descartes em si, mas de uma abordagem científica do saber e de uma atitude nova diante da vida, com consequências em valores e relações que se tornaram *insustentáveis*[17].

Aqui estão as bases onde foram assentar o *determinismo científico*, como explicação totalitária de tudo o que é investigado, por meio de *leis da natureza* cientificamente instituídas. Isso é sinônimo de *cientificismo*, pela oniabrangência praticamente mitológica, mesmo que desmistificadora, do saber científico e seus detentores. Aqui temos então a base para a *Revolução Industrial*. Torna-se evidente a perda da perspectiva orgânica, de interdependência de fatores ambientais e humanos, naturais e culturais; cai-se numa abordagem mecanicista que retira a ambiguidade, o mistério e a *complexidade* das realidades dos seres vivos. O que significa também dizer da perda da visão holística, do todo, da unidade e da participação da *consciência no mundo*. Não podemos deixar de citar o respaldo que isso tudo dá para o *positivismo*, não apenas no sentido de A. Comte, mas como visão geral de dominação do mundo como *fatos* em evolução, a serem inventariados e à disposição da manipulação objetificadora. Uma palavra que não deve faltar em tal contexto é a noção de **progresso ma-**

---

17. O conceito de sustentabilidade, mesmo que amplo, serve aqui para mostrar que na origem do *estatuto epistemológico das ciências naturais*, onde habita o paradigma cartesiano, geraram-se procedimentos altamente insustentáveis, seja na medicina, na agricultura, na biotecnologia. Cf. sobre isso a bombástica obra de E. Tenner: *A vingança da tecnologia*.

terial ilimitado; ocorre à revelia do progresso espiritual e humano adaptativo dos tempos anteriores e de outras visões de mundo de culturas anteriores.

Torna-se evidente a necessidade de discutir modelos paradigmáticos do saber no sentido de inferir quais e como eles condicionam nosso "habitar" (nossa ética, nossa bio-ética), para então corrigi-los e complementá-los. Uma parte da dificuldade cabe ao fato de que os saberes sustentáveis, tradicionais (como na medicina oriental ou natural, agricultura orgânica, terapias alternativas etc.) *são* e *não são* científicos. *São* no sentido de que muito do seu valor já é visível ou inferido na metodologia científica, mesmo que não adotados por falta de tradição e *interesse econômico*; são porque empiricamente se constatam seus exemplares resultados. *Não são* porque, muitas vezes, não entram nos cânones de validação do estatuto das ciências naturais, cartesianos em especial, redutores[18]. Não obstante, a maior parte da dificuldade de modelos alternativos reside nos desafios político-econômicos: quem financia as pesquisas e práticas médicas, agrícolas, administrativas e socioinstitucionais em geral, e a quais *lucros* devem corresponder?

III
O paradigma "cartesiano objetificador" no caso da Educação

Em *Homo ecologicus* (UCS, 2011), com um olhar hermenêutico, levantei as seguintes questões de fundo: em que implica essa hegemonia do paradigma do saber da ciência moderna – o chamado "paradigma cartesiano" (e baconiano-galileano) da Revolução Científica? Como isso se dá nos currículos e abordagens da Educação? Em três termos, encontramos: *reducionismo simplificador, dicotomia Sujeito-Objeto* e *fragmentação mecânica do olhar*. Como viabilizar a partir daí um trabalho teórico-conceitual, em conjunto com experiências/vivências práticas e cotidianas, que contornem os obstáculos gerados dentro desses paradigmas antiecológicos? Como resgatar e/ou gerar valores e *ethos (morada)* – que implicam superar a visão *objetificadora* do ambiente *e do ser humano?* São as preocupações de fundo.

---

18. Há uma avalanche de procedimentos sustentáveis – na agricultura, na saúde, na alimentação – de que a sociedade pode se valer cada vez mais, beneficiando-se, mas que estão à margem dos manuais acadêmicos e das instituições pautadas no mercado [www.curadore.com.br].

No *Discours de la méthode* (1637), baseado em seus estudos, Descartes descreve o projeto das Ciências: "elas me mostraram que se pode chegar a conhecimentos muito úteis à vida; e que, em vez dessa filosofia especulativa que se ensina nas escolas, é possível encontrarmos uma filosofia prática (*físico-matemática*, MLP) pela qual, conhecendo a força e a ação do fogo, da água, do ar, das estrelas, dos céus... *tornamo-nos dessa forma os senhores e possuidores da natureza*"[19].

O que chamamos de paradigma cartesiano é o modo formal, científico e institucional de como se estruturou uma visão de mundo baseada numa visão de progresso material ilimitado e de inspiração egocentrada. Assim, em todas as áreas do saber este modelo epistemológico ou concepção/olhar de fundo se instituiu. Apontemos sinteticamente (a partir da exposição hermenêutica de M. Grün e Flickinger), alguns ideais e pressupostos que permearam a Educação convencional, e que a tornaram "antiambiental", nesta linha cartesiana:

1) Tornar-se humano seria distinguir-se o máximo possível da natureza, na medida em que esta é selvagem, algo primitivo.

2) Ideal de dominar a natureza (e também o corpo) exterior para através disto libertar-se a si mesmo, ser Eu, livre dos instintos, medos e atrelamentos naturais. Criar meios artificiais para um "melhorismo" da natureza.

3) Sistematizar todo saber, de forma positivista oniabrangente, na forma enciclopédica, colocando-o à mão do pesquisador, como um mero instrumento. Educação como *informação* sem *problematização* e reflexão crítica.

4) Predominância excessiva da temática metodológica e tecnológica em detrimento do sentido (socioambiental) e dos contextos (interdependências) dos conteúdos e experiências locais culturais. Modelos quantitativos mais que qualitativos.

5) Inquirir a natureza, no modelo físico-químico-matemático, obrigando-a a nos dar respostas, definindo-a, como em Bacon. (Ex.: quando se usa o "$\mathbf{H_2O}$" para definir "água", excluindo a gama de significados e fatores ecossistêmicos e humanos relacionados à água.)

---

19. Descartes, apud Japiassu, 119.

6) "Código curricular" cientificista, reducionista e deslocado. Expulsão de tudo o que não seria considerado "científico" e canonizado pelos métodos aceitos.

7) Exaltação da *competição*, modelo utilitarista e individualista; modelo behaviorista da premiação-punição.

8) Educação seria questão apenas entre o indivíduo e a aprendizagem, relação S-O, instrumentalizante, sem interdependência ambiental, social, política, cultural...

9) Modelo explicativo de mundo: causal-mecânico e químico-matemático. Ocorre a perda da visão orgânica e do processual da vida. Enfim, é uma epistemologia cartesiana.

10) Recalque dos saberes locais, sabedorias, tradições. Afã pelo novo tecnológico e desprezo pelo antigo. Futurismo utópico.

11) Educação objetificadora como legitimação do paradigma industrialista do capitalismo. Educação: "mão de obra" para o mercado. Defesa das condições de produção e reprodução da lógica do capital. Exemplo: A *linguagem* bélica: *exploração* de mercado, *concorrência-competição*, *conquista* do consumidor, *proteção* e *segurança* econômica, *estratégia* empresarial, *vantagens*, *liderança*, *hegemonia-monopólio*, *combate*, *correr riscos*, *vencer* e derrotar o outro...

12) Estudo da História como mera historiografia, sem dinâmica vital e imbricação contextual e política do presente.

Sinteticamente, partimos desses pontos e analisamos currículos e práticas da academia/escolas, vendo como o modelo de ciência vigente chega até nós efetivamente. Para finalizar essa parte, apresento sinteticamente ***quatro passos*** para começar a abordar a **questão do cartesianismo**, ou questão epistemológica geradora do paradigma cartesiano.

1) Primeiramente, se você quer perceber como isso é fundamental, é necessário observar a motivação que você tem: querer superar realmente esse olhar e condicionamento cartesiano e diminuir o sofrimento das pessoas e dos seres, ou, de outro modo, apenas visar lucro, vencer o outro, ou cair na indiferença, egoísmo. Isso feito, você precisa pesquisar/compreender o que significa a questão do paradigma cartesiano, vendo o modelo epistemológico, o modelo de ciência que você recebeu.

2) No segundo passo, você precisa investigar como tal modelo e paradigma se manifesta nas suas práticas e instituições. Por conseguinte, desvendar como essa cosmovisão e os objetos (de conhecimento) do saber de sua área são tratados, vendo os currículos/métodos/projetos e as ações e seus resultados, buscando seus efeitos (em especial negativos).

3) Isso feito, você precisa investigar como era o saber e as práticas tradicionais, sustentáveis, antigas, que foram sufocadas pela ciência cartesiana em sua área de atuação. Na agricultura, por exemplo, como eram as práticas orgânicas e ecológicas que foram excluídas. Na medicina, a medicina natural, por exemplo, e a gama enorme de saberes ótimos que foram expulsos pelo mercado.

4) No quarto passo, você precisa pensar a dialética ou a síntese entre o antigo e o novo, em como implementar a sustentabilidade ou a visão sistêmica, ecológica ou de rede, sem opor-se completamente aos modelos vigentes. Aqui é o ponto-chave, pois é necessário conhecer e pesquisar práticas alternativas, experimentar a sustentabilidade fora dos padrões cartesianos, mas tentando depois conciliar (e depois substituir práticas cartesianas, se for o caso), o mais natural com o artificial, a ordem da natureza e a manipulação não perigosa da cultura/ciência/técnica sobre ela. Trata-se de um embate de gigantes, um encontro entre técnicas diversas, bem como dimensões culturais e éticas.

IV
Do paradigma cartesiano ao ecossistêmico (sustentável) e hermenêutico

Numa perspectiva histórica, apontemos rapidamente como a questão atual da ecologia, em seu advento abrangente, pode ser incluída dentro do surgimento de um novo paradigma, mesmo que em construção, sendo tecido de baixo para cima, em cada pequeno nível local[20]. Há, pois, um contexto histórico-filosófico de emergência da ecologia. Refere-se basicamente a *rupturas culturais e de matriz de pensamento*, desde a passagem

20. Em 1999 intitulei esta questão no livro *A emergência do paradigma ecológico* (Petrópolis: Vozes), indicando "ecológico" como nome geral abrangente para uma nova postura do saber, da ética e da política frente aos novos tempos.

do século XIX para o século XX, da Modernidade à "Pós-modernidade". Vimos isto no primeiro capítulo, mas cabe aqui apenas rememorar algo.

- Rupturas epistêmicas científicas: a Física Quântica dissolvendo o conceito clássico de matéria, átomo e as posturas fragmentárias; a Teoria da Relatividade de Einstein, demolindo noções tradicionais de tempo, espaço e realidade física determinada e fixa; a Teoria dos Sistemas e a auto-organização na Biologia; as abordagens da complexidade epistêmica; o princípio da incerteza com Heisenberg; o papel do observador como parte da experiência; entre outros desafios das ciências que geram uma série de impasses teóricos e de abertura de novas visões surpreendentes da "teia da vida" e suas conexões, ignoradas na visão cartesiana.

- O advento da Fenomenologia e da Hermenêutica, rompendo com a relação *S*-O linear e separativa, e mostrando o papel da consciência do sujeito conhecedor na interpretação e no mundo; a noção revolucionária e filosófica de tempo para além do tempo cronológico (Rosenzweig, Bergson, Heidegger, Lacan, Lévinas). Igualmente, o advento da questão do corpo mais que objeto, do corpo orgânico e vivo não mais separado da mente.

- A necessidade do procedimento interdisciplinar na ciência em geral.

- O chamado pensamento holístico, promulgando a recuperação da integridade e integralidade da abordagem do ser humano e da natureza em seus vários aspectos.

- O advento da *Psicanálise* é crucial, subvertendo o Sujeito identitário e racionalista. A quebra da ideia de identidade egológica (subjetividade heroica, sujeito forte...), quebra que acompanha a desconstrução das identidades culturais etnocêntricas. Aí também o surgimento do estruturalismo e da etnologia, trazendo à tona outras modalidades socioculturais de vida. Descobre-se as *outras* culturas na sua diferença irredutível.

• A Arte contemporânea demonstra muito disso tudo com antecedência e com força estética, o espírito de um novo tempo, mesmo que trazendo um certo tom do caos.

• A retomada do Romantismo nos movimentos sociais (ecologia), na literatura, na filosofia, na Arte, na perspectiva encantada e espiritual (o retorno do que foi reprimido, mas que está dentro de nós).

• Junto a isso, a crítica à tarefa prometeica e megalomaníaca da Civilização Técnica (exemplo: pensadores da Escola de Frankfurt, Heidegger, Hans Jonas, as correntes do Humanismo, a bioética, os ecólogos...)

• Guinada das Ciências Humanas para a questão do diálogo, da centralidade da ética e a crítica ao declínio da essência humana na crise da Metafísica (em vista do triunfo da Razão Instrumental, do Positivismo, e do Liberalismo/Capitalismo imperantes em modelos insustentáveis).

*Por conseguinte, a Ecologia como ética surge dentro deste **grande paradigma** nascente, no contexto em que despontam eventos tais como:*

• Movimentos pela Paz.

• Atrocidades da II Guerra Mundial e tribunal de Nuremberg (1947).

• Direitos Humanos e movimentos de direitos em geral; direitos difusos e do consumidor.

• Clima de "volta à natureza".

• Busca do desenvolvimento sustentável.

• Movimento Feminista.

• Defesa da diferença ou alteridade (em vários níveis), dos excluídos e populações vulneráveis.

• Renascimento da sabedoria oriental antiga no Ocidente (várias práticas: espirituais, filosófica, psicológicas, médicas, corporais).

• Movimentos de resgate cultural locais, ou de protesto.

• Movimentos sindicais, de luta pela terra, de reformas, revoluções sociais e outros.

É diante disso que se conclui pela **emergência do paradigma ecológico** (*oikos* e *logos*, a *racionalidade e sentido da casa*, no amplo e interdependente sentido do termo, envolvendo vizinhança, *pólis* e o planeta). A **Ecologia** não pode ser separada deste "espírito do tempo", e tomada como um novo ramo da biologia ou mesmo da teoria ética. Suas implicações e ilações são revolucionárias, pois vão à raiz da questão.

IV.1
Do sistema à hermenêutica

Um dos modos de combater o paradigma cartesiano é trazer uma abordagem holística ou sistêmica, incluindo até uma dimensão espiritual da vida, a que tem excelentes condições de estabelecer um olhar mais profundo para o sentido da vida e, assim, do que estamos fazendo no dia a dia. Contudo, neste momento preferimos trilhar uma reflexão e experimentação educacional com base filosófica **hermenêutica**, que resgata tradições locais e descobertas para a constituição de um paradigma dialógico contextualizado.

Como **exemplo** ecossistêmico disso, já no meio rural, podemos citar a *agricultura ecológica* ou regenerativa. Antes de mais, ela é um diálogo do homem com a terra, inserida na cultura das comunidades. Tal procedimento trabalha com: **visão processual ou orgânica**, encarando a prática agrícola dentro de um sistema vivo em unidade dinâmica e complementar de fatores, como a permacultura; **vida do solo**, onde este não é apenas mais um substrato mecânico, veículo de nutrientes solúveis, mas o suporte vivo e interagente; **reciclagem de matéria orgânica**, pois não se trata de uma linha linear de produção com desgaste de recursos e eliminação de resíduos; **agressão mínima ao solo**, ou seja, racionamento da maquinaria e do manejo imediatista da terra; o crescimento da **diversidade**, como a policultura que diversifica a produção e favorece um trabalho em cooperação com os ecossistemas, e que somado aos fatores acima evitam a propagação de doenças, garantem a saúde do trabalhador e da natureza[21]. Ainda, há que se considerar aqui a **qualidade** da produção, que vai atingir a alimentação própria e de outras pessoas, ou seja, a interface da

---

21. Cf. Lutzenberger, em Pelizzoli, 1999, cap. 7.

comunidade envolvida. De igual modo, sem uma reforma agrária séria, **justiça social** no campo e política para o resgate dos excluídos, isto perde seu sentido mais autêntico. Esta configuração revela um novo e resgatado paradigma, ético-hermenêutico, contemplado na Educação ambiental.

O segundo exemplo é negativo. O caso dos "organismos geneticamente modificados", os ***transgênicos*** na agricultura e na alimentação, é muito grave. Os tecnocratas e megaempresários do ramo (agronegócio) acusam os ambientalistas de serem "contra o progresso", de terem uma visão arcaica, de alarme puritano; e ainda chegam a afirmar que os transgênicos vão ajudar a resolver o problema da fome no mundo! Na verdade, há uma série de falsidades e erros aí: **Primeiro** é que a fome já poderia ter sido resolvida há muito tempo, e isso só ocorre com justiça social, distribuição de rendas e política (eco)ética para o campo e não com tecnologia para lucro de uma elite. **Segundo**, que pelos meios de aferição científica baseados no paradigma cartesiano, *reducionista* e não sistêmico, não se poderá inferir exatamente a extensão dos males dos transgênicos, tais como as consequências futuras, os efeitos indiretos cumulativos nos organismos, a alteração do equilíbrio do ecossistema, da saúde humana e outros fatos imprevisíveis[22]. **Terceiro** ponto, é que o modelo de manipulação de produtos agrotóxicos, insumos químicos e de organismos com modificação genética não leva em conta a questão social, a agricultura familiar, a manutenção das sementes e códigos genéticos programados pela própria natureza durante milhões de anos, a policultura e permacultura, ou seja, uma visão menos capitalista e mais harmônica e ética da produção.

Já propriamente dentro da *perspectiva hermenêutica*, histórica e de inserção social, trata-se de recuperar práticas e saberes "enterrados" pela sociedade industrial-tecnológica moderna. Por exemplo: nós sabemos que até a II Guerra Mundial, agricultores europeus e asiáticos tinham em sua grande maioria uma prática orgânica e ecológica, assim como as colônias do interior de alguns estados do Brasil. Da mesma forma, o modelo das comunidades indígenas. Já faz alguns anos, esta prática está sendo retomada em vários lugares do mundo, até pela demanda crescente de produ-

---

22. Em todo caso, pesquisas recentes ligam o consumo de transgênicos e o favorecimento do câncer. Cf. www.curadores.com.br

tos "limpos"[23]. Certamente que, neste contexto, **não** se trata de um mero retorno ao passado. Trata-se aqui da abordagem ecológica que encaminha uma reviravolta e um resgate contextual, histórico e que traz a experimentação e a observação de uma forma equilibrada, respeitando o que se constitui como "experiência de vida" e como sabedoria dos povos.

Nesta questão, deve-se enfatizar que, não poucas vezes, a experiência "lembra a dor do crescimento e uma nova compreensão. [...] A negatividade e a desilusão são partes integrantes da experiência, pois parece haver, no interior da natureza histórica do homem, um momento de negatividade que é revelado na natureza da experiência", na visão de Gadamer. Aceitar a *impermanência* da vida. "Toda experiência merecedora desse nome contraria a expectativa'". O filósofo Gadamer aponta ainda que "a experiência é experiência da finitude", ou seja, dos limites, da fragilidade e da morte; no seu significado mais íntimo, ela "ensina-nos a conhecer que não somos senhores do tempo. O homem 'experiente' é aquele que conhece os limites de toda antecipação, a insegurança de todos os planos humanos. No entanto, tal fato não o torna rígido e dogmático, antes o abre a novas experiências"[24].

Nesta perspectiva de experiência, há sempre uma atitude de curiosidade, e uma estrutura de *interrogação*, a estrutura ontológica essencial para a hermenêutica que é a da **pergunta**. Questionar, observar e investigar, e não apenas receber pronto. Aqui entra plenamente a *educação ambiental*, no sentido de proporcionar a reflexão crítica dos problemas socioambientais que nos envolvem como seres humanos, de estimular a pergunta, e encaminhar a criatividade e as motivações para situá-las desde a infância.

Por fim, um breve trabalho de olhar **conceitos** nesta área, à luz da hermenêutica, nos revela pressupostos e visões de mundo/natureza questionáveis. **Exemplos:**

---

23. Cito o exemplo de Porto Alegre, com a Coolmeia e suas feiras, primeira cooperativa ecológica das Américas. Cito o exemplo, ainda, do fato de que a maior parte da Floresta Amazônica já foi habitada e com cultivos por várias comunidades indígenas há muitos séculos, e sempre permaneceu equilibrada. Temos também o caso dos seringueiros sustentáveis do Norte, e assim por diante.

24. *Verdade e método*, p. 199. "Não somos tanto pessoas que conhecem como pessoas que experimentam; o encontro não é chegar conceitualmente a algo; antes, é um evento em que um mundo se nos abre" (p. 211).

• "**Meio Ambiente**": tem sido um conceito excludente, falando de algo que rodeia e contorna o homem-centro; algo exterior, que não entra no interior das coisas da vida humana.

• Acampamento ou "piquenique **na natureza**": ou seja, a natureza é vista aqui como algo que está *fora*, ou então encravada nos limites de um parque.

• Ainda, a "**propriedade privada**" da natureza: no sentido original, ela é "privada" porque foi privado o direito ao usufruto público.

• Natureza como "**matéria-prima**", ou como "**recursos para...**": ou seja, sempre para um fim imediato de mercado, como vemos nos discursos da Economia.

• **Animais** abordados de forma antropomórfica, ou seja, com características humanas, "pensamento", "sentimento" e até "alma"; ou ainda o fato de serem nomeadas características de pessoas a partir de alguns animais; exemplo: pessoa "burra" ou "asno"; "mundo-cão"; seu "porcalhão", sua "naja".

• Denunciamos também uma forte dicotomia, desconexão ou oposição entre **ambiente construído** e **ambiente natural**, sem estabelecer as conexões culturais e tecnológicas num diálogo.

• Ainda, a Educação ambiental vista como prática educativa junto aos **ecossistemas** naturais, ou seja, numa visão apenas "verdizante" e "preservacionista".

• "**Preservar a natureza**" ("salvar a ecologia"): ideia de que a natureza não responde às alterações humanas e é fraca; ideia de ambientalismo como preservação de animais e do verde. Ideia de que ecologia não seriam as *relações*, mas plantas, árvores, bosques, elementos isolados.

• E "**educação ambiental**": é possível uma educação que não seja ambiental, fora de um espaço, fora de um ambiente, sem situação físico-material e cultural? Daí a necessidade de se adicionar o qualificativo de "ambiental", para lembrar a dicotomia histórica; é o mesmo caso da palavra "socioambiental" por mim muito usada e que se sabe redundante. A dicotomia está profundamente enraizada em nossa cultura (exemplo concreto: a desconexão, no entendimento vulgar, entre energia e natureza, materiais e natureza, meio ambiente e relações econômico-culturais).

Para concluir: uma Ética reflexiva para a Educação

Em ética e ambiente, trata-se de uma nova postura pedagógica, para além do cartesianismo, e à luz da reflexão crítica e da consideração da preciosidade da Vida em cada manifestação; trata-se de trazer elementos que a tornam mais autorreflexiva e compreensiva, ou seja, menos ideologizada e reprodutora de sistemas instrumentais dicotomizantes, objetificadores e exploratórios. Por tópicos, podemos apontar para o seguinte processo que se coloca:

• Se se impõe como configuração alternativa a transformação dos valores objetificantes e mercantilizantes da sociedade moderna, deve-se começar a pensar a partir da *construção de um sujeito como ser inserido,* em todos os sentidos: corpo social, corpo saudável, ambiente, interioridade/mente, comunidade, família. Esse mundo é global, e é local, interior e exterior, com instâncias diversas em relações encadeadas.

• Esse sujeito resgata sua história/historicidade, nas camadas que se (re)envolvem, e que partindo da mobilidade podem também se revolver, mudar e tomar configuração mais apropriada; aqui há uma dialética entre o resgate (tradição) e a novidade (futuro).

• Questão importante: que tipo de autonomia, que tipo de sujeito queremos ajudar a constituir ou desconstituir? A busca de autonomia e liberdade está na base da educação e ciência; mas, não deveríamos perguntar sobre ela no sentido de ver se não está contaminada/condicionada, ou negligenciada em aspectos humanos e ambientais valiosos?

• Outro ponto é mostrar a emergência da questão da natureza e seu porquê, junto de seu histórico; refletir o fato de que ela se torna hoje um sujeito, ameaçador, com fenomenalidade própria e imprevisibilidades. Sujeito de direitos.

• Para isso a matriz dialogal-questionadora é o pilar; remete à curiosidade ante o mundo, mas também à experimentação conjunta e aberta dos novos horizontes de realidade, das formas alternativas de viver, de amar, de produzir, na manutenção sustentável das famílias e comunidades humanas.

Por conseguinte, a *Educação e a Ética (Ambientais)*, nesta abordagem, têm pontos fortes no questionamento dos valores e atitudes vigentes; ou seja, na reapropriação de valores culturais locais e recalcados pela hegemonia do modelo tecnocientífico reducionista. Concomitantemente, busca *rastrear nas bases educacionais, currículos e propostas, como os valores antiecológicos se incrustam*.

Concluindo, na busca do pensamento para essa nova Ética e Educação (Ambiental), acrescento a importante e também dialógico-crítica postura de *Paulo Freire*, sempre fundamental para nosso contexto latino-americano: uma educação libertadora com uma pedagogia em que o *oprimido* tenha condições de descobrir-se e conquistar-se como sujeito de sua destinação histórica, para superar a pedagogia da dominação. Isto não é apenas transmitir valores morais e "verdes" do educador ao educando; antes visa ao questionamento de valores impostos e a construção de conhecimentos e práticas nas realidades locais, coletivamente. Demanda a percepção e vivência das contradições entre padrões dominantes e alternativos na sociedade, em vista de uma síntese (postura) pessoal. Requer um verdadeiro diálogo com a realidade e uma entrega, com reflexão e práxis, valorizando a ação e a emoção.

O passado reclama sua redenção, e as novas gerações nos olham com expectativa. Ideias são possíveis de escamotear; não a natureza, não a vida humana preciosa.

Referências

BOFF, L. *Sustentabilidade*. Petrópolis: Vozes, 2012.

CAPRA, F. O *ponto de mutação*. São Paulo: Cultrix, 1982.

DESCARTES, R. *Discurso do método*. Coimbra: Almedina, 2011.

GADAMER, H.G. *Verdade e método*. Petrópolis: Vozes, 1996.

GRUN, M. *Ética e educação ambiental*. São Paulo: Papirus, 1996.

JAPIASSU, H. *A revolução científica moderna*. São Paulo: Letras e Letras, 1997.

MORIN, E. *A inteligência da complexidade*. São Paulo: Peirópolis, 2000.

PELIZZOLI, M.L. *Homo ecologicus*. Caxias do Sul: UCS, 2011.

______. *A emergência do paradigma ecológico*. Petrópolis: Vozes, 1999.

PELIZZOLI, M.L. (org.). *Os caminhos da saúde*. Petrópolis: Vozes, 2010.

______. *Bioética como novo paradigma*. Petrópolis: Vozes, 2007.

3

Perspectivas da ética holística e ecológica profunda

Nesta perspectiva encontramos uma série de autores, de subcorrentes e de inspirações mais ou menos convergentes, em torno de uma volta à natureza. O ponto de partida comum é a crítica ao modelo civilizatório baseado na noção de *progresso material* ilimitado e desenvolvimento econômico nos moldes da modernidade científica e industrial, e o que ocorre com o ser humano e com os seres naturais em termos de desequilíbrio e perda de harmonia/interligação com aspectos fundamentais da vida. A proposta de fundo inspira-se numa visão integradora (holística), numa construção ou recuperação ou até religação da harmonia humana em conjunção com o ambiente vivo.

Antes de entrarmos mais a fundo nesse tema, convém apontar para tópicos básicos de posições do importante *Movimento Romântico*, tal como ele se exerceu em especial na Alemanha a partir dos séculos XVIII e XIX, com autores como *Schelling* (que lê grandes místicos como M. Eckhart e J. Boheme), Goethe, Hölderlin, Schlegel, Schiller, Novalis; ou mesmo o inglês W. Blake, ou ainda Toureau, e muitos outros (como antes, o filósofo *J.J. Rousseau*), mesmo em aspectos de Heidegger por exemplo. Isto se faz salutar para o entendimento das bases primeiras das perspectivas holísticas e espirituais envolvidas. Até porque este Romantismo significa (junto com as questões sociopolíticas e econômicas da época) a primeira grande reação ao modo de pensar anterior – vindo do Iluminismo, da Revolução Científica, e do Racionalismo nas suas várias formas, exercendo influências até hoje em grandes pensadores e filosofias diversas (como na Escola de Frankfurt, na Hermenêutica, e no pensamento ecológico certamente).

a) Síntese de aspectos essenciais do Romantismo[25]:

• Buscar descobrir, de modo explícito ou inusitado, a *beleza da natureza* (para além da geografia física de Kant ou do antropocentrismo de Hegel). Trata-se de reaprender a VER. Podemos estar de olhos abertos, mas não conseguir enxergar a *mirabilia* da vida, em suas formas exuberantes, pulsantes, surpreendentes.

• Voltar à *"fruição e experimentação da natureza"*, indo para além da "coisa em si" insondável kantiana, bem como além do olhar matemático. Trata-se de saber observar a vida e seus processos; de igual modo, estar aberto a experimentar as possibilidades de interação com a natureza, para além da experimentação laboratorial.

• A *intuição estética* torna-se o órgão supremo da filosofia, em Schelling isso é bem claro. Se a modernidade racional apostou tudo na Razão e na capacidade sensória de manipulação da realidade, perdeu a emoção e a intuição, a mais alta e difícil disposição humana, muito presente nos artistas, místicos, e na sabedoria das pessoas vividas, bem como rezadeiras, videntes, parteiras etc.

• É preciso pressentir uma espécie de *linguagem da natureza*, em que esta se aproxima de nós. Para os cientistas modernos, a natureza tinha uma linguagem matemática, calculável, enquadrável. Agora, esta linguagem dos românticos, tanto quanto dos amantes da natureza, é uma relação vital e essencial do humano com a Terra, com o que se chama de elementos, ecossistemas, ambiente; é uma linguagem um pouco esquecida, mas que pode ser bem-vista no modo de vida de comunidades tradicionais, indígenas, naturalistas, aventureiros da floresta, sábios, xamãs, ecologistas etc.

• O ato criador do artista é uma emanação do *poder da natureza*. Na medida em que participamos do patrimônio genético e psíquico da espécie Homo, além de Homo Sapiens, e somos terráqueos, como todos os seres, temos um inconsciente coletivo, o qual abriga um mundo

---

25. Cf. RIBON, M. *Arte e natureza*. • REALE, G. & ANTISERI, D. *História da filosofia*.

arquetípico, fantástico e terrível, do qual alguns "canalizadores" têm um acesso ou sensibilidade maior para sentir.

• A natureza não se reduz apenas aos nossos estados de alma; ela mesma é uma *alma que nos dirige*, sendo sua beleza o que há de mais real nas coisas. Trata-se de *Anima mundi*, antigo conceito que revela como somos parte de Gaia, e que a energia que está em nosso corpo é não mais que a energia da vida que por meio de nós atua, como nos processos familiares/antepassados/gerações futuras.

• A história compõe-se de uma série de manifestações individuais do agir do "Espírito do mundo" que se encarna no "Espírito dos povos". "Em tudo está presente o eterno", diz Goethe.

• A natureza é uma *atividade viva*, autônoma, produtora de formas e ritmos que podemos perceber e sentir. Hoje fala-se em Teoria da Auto-organização, em Enação, em holograma e na autoprodutividade (*autopoiesis*) da natureza, bem como no valor intrínseco dos seres vivos, para além da moral antropocêntrica.

• Tal atividade constitui um *Todo*, o qual regula a ação das forças opostas que tenderiam à mútua destruição. Ela se propõe como infinito poder de *rejuvenescimento*. A ideia dos opostos complementares é básica no pensamento antigo, retomada por muitos contemporâneos. A vida é um processo contínuo de viver e morrer, mas dentro de um mesmo conjunto, numa harmonia dinâmica que não captamos completamente.

• Daí a *identidade dinâmica entre o eu e o mundo*, esquecida, do espírito e da natureza. A arte será a ponte, a ligação divina, entre ser humano e natureza. A arte é também um prolongamento dele, e a natureza é o "fundo" inesgotável da arte.

Já no antigo movimento romântico chamado *Sturm und Drang* ("tempestade e ímpeto"), ao final do século XVIII vemos tais características que vão ser desenvolvidas nesta mesma linha:

• A natureza é exaltada como força onipotente e criadora de vida.

• O "gênio", relacionado à força originária, cria analogamente a natureza.

• O panteísmo e o paganismo (religião da natureza) tomam o lugar do intelecto ou razão suprema na concepção da divindade.

• O amor à terra local opõe-se aos tiranos e exalta a liberdade frente às convenções e leis.

• Apreciação dos sentimentos arrebatadores, paixões e manifestações do coração.

Ainda, dentro do fenômeno do romantismo, importa indicar que:

• O romantismo indicava o renascimento do instinto e da emoção, junto com a poesia e o fabuloso, assim como o misterioso.

• É um fenômeno que adentrou também nas artes figurativas e na *música*.

• Opera de fato com uma atitude ou *ethos* que comporta uma tensão interior, apontando para um Desejo que nunca se satisfaz; daí a fundamental nostalgia, melancolia e contemplação profunda. Cabe então falar de uma sensibilidade especial e intensa, romântica, em sua grande busca em torno da sede do *Infinito*, ou do Uno.

> *Ser um com o todo*: esse é o viver para os deuses, esse é o céu para o homem. [...] retornar ao todo da natureza: esse é o ponto mais alto do pensamento e da alegria, é o pico sagrado da montanha, lugar da calma eterna [...] *Ser um com tudo o que vive!* Com essas palavras [...] o espírito humano despoja-se do cetro e todos os pensamentos se dispersam diante da imagem do mundo eternamente uno (Hölderlin).

* * *

A primeira grande e mais forte corrente que marca o ambientalismo ou as inspirações ecológicas em geral pode ser caracterizada pelo que se chamou de postura *holístico-revolucionária*. Sua perspectiva filosófica de mundo é *monista* (exemplo: ideia de *Uno* e de unidade fundamental de tudo), tal como em correntes neoplatônicas e já antes, grosso modo, no "pensamento oriental". Ela recupera visões antigas, e de culturas sufocadas, tendo como base uma ética que seria subjacente à identidade humana, e que diz de uma *harmonia* ("medida adequada", a ser seguida) e da interação integradora do indivíduo no Todo, no Cosmos ordenado. Este conteria uma harmonia intrínseca, algo portanto que retoma o *animismo* primevo (tudo está vivo, com "alma"), por pontos de equilíbrio que regeriam a Vida – e assim a vida humana.

A civilização da razão científica e instrumental, efetivada com a sociedade industrial, trouxe consigo o distanciamento do homem com o seu aspecto orgânico, em prol do desenvolvimento da tecnologia como manipulação artificial e de mediações sobre mediações, em que os fins nunca são vividos. A objetificação dá-se junto ao desenvolvimento abrangente da atitude de dominação materializada do homem em relação ao ambiente natural, algo produzido pela civilização ocidental pós-revolução científica, que com sua força "tecno-lógica" e bélica consegue sufocar culturas mais harmônicas e adaptadas, de modos de vida mais sustentáveis, porém mais frágeis e "diferentes".

A história da *secularização* do Ocidente e o reforço do pensamento científico e mercantil remete a um processo de desencantamento do mundo, de desespiritualização do homem. Retira-se o fundamento de pudor e legitimação que garantia o caráter sagrado da criação, enquanto criatura do Criador, na mesma medida em que este papel vai sendo assumido pela autonomia racional por meio da política, do desenvolvimento econômico e da transformação completa do mundo pela técnica – o novo bastão mágico para os novos semideuses.

A relação homem/natureza sempre se deu – conjuntamente ao desafio e luta – numa base espiritual, simbólica, de interação com o sagrado (isto é presente mesmo nas religiões "não pagãs" e mais avançadas, como o catolicismo e sua gama de grutas, imagens, alusões à natureza (apesar de certa demonização da mesma); a figura dos grandes místicos cristãos de cunho naturalizante é um sintoma evidente). Daí a busca de uma atitude de admiração, de contemplação, de interação com a natureza via caráter do sagrado, na esteira do animismo, do naturalismo e do retorno às origens. Dentro desta corrente, trata-se de recuperar a *autenticidade* do humano, o que inclui a relação "ecossistêmica" com a natureza.

As fontes desta corrente, holístico-revolucionária, datam do início deste século com a advento de pensamentos e influências de tradições antigas (orientais em especial), retomadas na psicologia do homem ocidental, tomando fôlego nos anos de 1950 em diante, quando da explosão revolucionária dos movimentos de *contracultura*, como estopim da crise e ameaça ambiental, bélica (nuclear), cultural, econômica e social que encetará para uma nova ordem civilizacional. Esta seria basicamente um resgate, que remete a modelos primitivos e mais originais, do Eldorado cada vez mais perdido do humano, diante de um mundo tecnificado, materialista e egocentrado.

Neste século temos o reforço do gnosticismo, o aparecimento da teosofia, e de uma série de novas práticas espirituais; a retomada da raiz romântica na cultura, a exaltação das práticas mitológicas e de religiosidade dentro de um tipo novo de paganismo – "religião dos pagos", como em vários âmbitos da busca naturalista. Junto a isso, a Nova Física – que abre as especulações para as concepções de holismo e para a instância energética última e inapreensível da realidade; e, surpreendentemente, os movimentos feministas detonando o patriarcalismo; os movimentos de retorno à natureza, ecoturismo, o retorno de inspirações assemelhadas às da fase astrobiológica das sociedades primevas, os exoterismos e os novos interesses na alquimia e na astrologia, os quais parecem revelar no fundo a busca de equilíbrio e identidade, de completação do sujeito humano e deste com o seu Outro (homem e natureza).

Na esfera da filosofia temos um apelo maior a Heidegger nesta corrente (ser-no-mundo, homem como casa e clareira do Ser, o pastor, autenticidade da origem etc.), surpreendentemente maior do que, por exemplo, a F. Schelling (século XIX) – interessante filósofo da natureza, com abertura para uma epistemologia significativa para buscar superar a racionalidade cartesiana partida. Mas são modelos mais atuais e próximos da ecologia e da ética prática que vamos olhar agora.

b) Modelos paradigmáticos desta corrente

No espírito dos movimentos citados, a *deep ecology* (*ecologia profunda*, em oposição à chamada "ecologia rasa") é a representação principal. Suas características perpassam grande parte dos pensamentos e autores mais conhecidos na questão. Um nome que chama a atenção é o de *Arne Naess*, filósofo e alpinista norueguês; exerceu uma influência considerável no movimento ecológico dos Estados Unidos e Europa. Outro nome muito importante, anterior a este, é o do norte-americano *Aldo Leopold*, fundador da chamada *Land Ethics*, ou Ética da Terra, um chamado ou volta à observação vital, contemplação e recuperação da vida natural, buscando modos sustentáveis de comunidades e cidades. Similar a ele, no Brasil (RS), tivemos o ativista Henrique Roessler (1886-1963), que em 1955 criou a União Protetora da Natureza; e depois o grande J. Lutzenberger (1926-2002), criador da Agapan em 1972, e da Fundação (ou Rincão) Gaia, para falar apenas dos precursores.

Não obstante, vamos abordar, dentro deste espírito, a posição do físico e pensador/ecólogo F. Capra em primeiro lugar; depois, tomaremos o filósofo francês *Michel Serres*, em vista da contrapartida crítica do talvez maior oponente a esta posição que é o francês Luc Ferry. Em âmbito brasileiro, vemos como, paradigmaticamente, se refletem essas ideias na esteira das posições de Leonardo Boff.

3.1
A ética da crise-mutação em F. Capra[26]

Vamos seguir aqui alguns passos que, para nós, se mostram como os mais fundamentais na obra capital de F. Capra, O *ponto de mutação*, e que diz, no fundo, sempre de uma questão ética, ligada certamente à necessidade de uma nova visão da relação do ser humano com a natureza como um todo, nesta rede orgânica que é a vida. Trata-se, pois, de tomar consciência da inter-relação tanto "espiritual" quanto biológica do ser humano com os ecossistemas, dentro da biosfera em evolução, onde se necessita reequilibrar as posturas e atitudes históricas que a humanidade tomou. O tom científico evolutivo, da Teoria dos Sistemas, associado a outras instâncias cosmológicas/ontológicas e integradoras aponta bem para o viés *holístico* que faz com que coloquemos Capra exatamente dentro desta perspectiva, com suas características típicas.

---

26. Trata-se aqui de uma síntese a partir de argumentos básicos de O *ponto de mutação*, de Fritjof Capra, em seu capítulo I, finalizando com perspectivas a partir de sua obra *A teia da vida*.

a) Crise como mudança de paradigma

O primeiro passo de Capra é mostrar que estamos vivendo uma "crise profunda, complexa, multidimensional, que afeta a todos os níveis de nossa vida" – saúde e modo de vida, qualidade do ambiente e relações sociais, economia, ciência e política. Ela teria uma dimensão não só intelectual, mas moral e espiritual. Para isso, ele aponta para os dados assustadores da problemática das doenças (degenerativas em especial, doenças ligadas ao ambiente/alimentação), gastos de guerra, fome, desastres ecológicos etc. Ou seja, é preciso dar a conhecer a crise, até em suas profundidades inauditas, para mostrar que ela se liga a uma desintegração social (drogas, perturbações mentais, depressões, suicídios etc.), e que precisamos perceber as ligações e interdependências entre tais coisas, causas e efeitos.

Portanto, faz-se notar que por trás de tudo "há *uma só crise*", com um fundo comum, com interfaces que somente uma visão interdisciplinar perspicaz e sutil pode tentar entender. Daí o fato do especialista ficar perdido quanto às questões globais ou ecossistêmicas, ou do sistema de Saúde frente a uma simples doença e seu alcance por exemplo. Fato essencial que Capra aponta é que, se a crise é profunda, demanda-se mudanças igualmente profundas nas *estruturas* e instituições sociais, em conjunção com novos *valores e ideias*. Mais ainda porque nossos conceitos, teorias, nossos padrões para analisar as coisas, tendem a usar do paradigma anterior, da visão convencional e dicotômica, ou mesmo do "progresso material" em primeiro lugar e, assim, opera-se com uma visão estática, congeladora e conservadora do tempo e do espaço. É daí que se propõe "substituir a noção de estruturas sociais estáticas por padrões dinâmicos de mudança". Para exemplificar isso, Capra afirma que "os chineses tinham profunda percepção da conexão entre *crise e mudança*. Estudos de sociedades em transformação cultural mostram que a mudança é precedida por indicadores sociais tais como: sensação de alienação e aumento de doenças mentais, crimes violentos e desintegração social, assim como interesse maior na prática religiosa" (CAPRA, 1982. *Introdução*).

Lembrando as análises de A. Toynbee, ele aponta que a gênese de uma civilização consiste na transição de uma condição estática para a atividade dinâmica. Um desafio do ambiente natural ou social provoca uma resposta criativa numa sociedade, induzindo a um processo diferente de moldagem da civilização. O padrão básico de interação é movido pelo dinamismo do "desafio-resposta". Segundo os antigos filósofos chineses, todas as manifestações da realidade são geradas pela interação dinâmica entre dois polos de força (Ying e Yang). Depois de atingirem o apogeu de vitalidade as civilizações declinam; um elemento essencial de motivação a ser considerado aí é a perda de flexibilidade (criatividade, possibilidades...). O comportamento torna-se extremamente rígido, e a sociedade não mais se adapta a situações cambiantes, não consegue levar adiante com seus padrões socioestruturais a evolução cultural e criativa. Perde-se a harmonia e equilíbrio básico. Seria o fim?

Entretanto, neste período, aparecem as *minorias criativas*, com a tarefa de mobilização e conscientização de novos caminhos, com a tarefa de vanguarda, de despertar as pessoas e alterar as estruturas. Por outro lado, as instituições sociais *dominantes* recusam-se a entregar seus papéis de dominantes; mesmo assim, afirma ele, continuarão a desintegrar-se, pois não se pode segurar o tempo... Situam-se aí as possibilidades humanas para que, mesmo a partir de minorias, conscientes, se implemente gradativamente uma nova configuração, com o *novo paradigma*.

Hoje, segundo O *ponto de mutação*, temos três desafios básicos, ou transições – grandes acontecimentos que estão nos abalando profundamente e são sintomas da mutação:

1) *Declínio do patriarcado*: exemplos são os movimentos feministas, a ascensão da mulher no mercado de trabalho e nas relações sociais entre outros.

2) *Declínio da era do combustível fóssil* (carvão, petróleo e gás natural), que tem sido a principal fonte de energia da moderna era industrial (os combustíveis têm pouco tempo de duração, seus efeitos já são sentidos, não é mais possível usá-los massivamente por mais de duas décadas por causa das fortes alterações climáticas. Devemos entrar na era da *energia solar* e energias *alternativas* de vários tipos, o que aliás já está sendo bastante pesquisado e projetado.

3) *Grande "mudança de paradigma"*, mudança no pensamento, nos padrões, na percepção e nos valores que formam a nossa visão mais fundamental de realidade. O paradigma tradicional que modelou a sociedade vem a partir da "Revolução Científica, do Iluminismo e da

Revolução Industrial. Incute a crença no progresso Infinito, e que o método científico causal é a única abordagem válida do conhecimento. Ele tem a concepção do universo como um sistema mecânico composto de unidades materiais elementares; a concepção da vida em sociedade como uma luta competitiva pela existência; a crença no progresso material ilimitado, a ser alcançado através do crescimento/desenvolvimento apenas econômico e tecnológico" (CAPRA, 1982, p. 28).

Segundo Capra, nós estaríamos vivendo uma crise que faz parte de uma grande fase de transição, de profunda transformação cultural, um ciclo como os que ocorreram poucas vezes com semelhante amplitude. Compara-se este a três grandes momentos:

1) Surgimento da civilização com o advento da agricultura no começo do período Neolítico (o que propiciou a fixação do homem em cidades).

2) A ascensão do cristianismo na época da queda do Império Romano (que trouxe a mudança mais considerável da história recente do Ocidente).

3) A transição da Idade Média para a Idade Científica, possibilitando a Revolução Industrial e a mudança radical da face do planeta Terra. Este seria hoje o grande paradigma dominante de fundo nas sociedades.

Especificamente, a nossa transformação pode ser mais dramática, porque hoje as mudanças são mais velozes, amplas, o globo inteiro está ligado e as coisas podem ser feitas mais rapidamente (o que não significa que nossa geração verá os frutos maduros das melhorias como tais). O importante é que chegamos num momento decisivo, em que é preciso "pegar o trem" da história possível (a sociedade *sustentável*).

Uma tão profunda e completa mudança na mentalidade da cultura ocidental deve ser "naturalmente" acompanhada de igual alteração nas relações sociais, formas de organização social – muito além das reformas e ajustes econômicos e políticos propostos por nossos líderes políticos de hoje. Assim, nas lutas sociais, é essencial que se prossiga além de meros ataques a pessoas e grupos determinados, mostrando que as atitudes e comportamentos atuais refletem um sistema de valores que sustentou a nossa cultura, e que tal sistema está obsoleto, devendo ser substituído, com uma nova ética, nova sensibilização estética e nova relação de conhecimento não violenta. Ficará cada vez mais evidente que pensamentos e atitudes violentas geram violência, e que o *amor* é a melhor resposta. Contra a visão de sociedade como luta e competitividade, traz-se a noção de *cooperação*, a partir do mais excelente funcionamento dos ecossistemas naturais, espelho para os seres humanos.

b) O resgate do taoismo

Segundo Capra, os filósofos chineses viam na realidade – cuja essência chamaram TAO – como que um processo de contínuo fluxo e mudança. A natureza tem padrões cíclicos. "Tendo yang atingido seu clímax, retira-se em favor do yin; e vice-versa" (*I Ching*). O difícil para nós, ocidentais, seria entender que os polos opostos da interação dinâmica fazem parte de um único todo. A ordem natural é o equilíbrio dinâmico entre um e outro. Um dos mais profundos *insights* da antiga cultura chinesa foi o reconhecimento de que a atividade – o "constante fluxo de transformação e mudança" – é essencial no universo. Este está em contínuo processo cósmico que se chama TAO – o "caminho"[...] Não há repouso absoluto. Não há fixação possível da realidade. Daí a necessidade do WU-WEI: "abstenção de ação contrária à natureza". Ou como afirmava Chuang-tsé: "Que se permita a todas as coisas fazerem o que elas naturalmente fazem, de modo que sua natureza fique satisfeita". A atividade deve estar em harmonia com a orientação natural.

Assim, a característica humana da racionalidade ("pura") e a de intuição e sensibilidade são modos complementares da mente humana. O pensamento racional é mais linear, concentrado, analítico. Pertence ao domínio do intelecto lógico, cuja função é discriminar, medir, classificar, dominar. Tende assim a ser mais fragmentador. O aporte intuitivo, por outro lado, baseia-se na experiência direta, em decorrência de um estado ampliado de percepção consciente, não propriamente lógico-intelectual da realidade. Tende a ser sintetizador, holístico e não linear. O conhecimento racional tende a gerar atividade mais egocêntrica (ou Yang), e a atividade intuitiva é mais *Yin*, e portanto ecológica.

Algumas associações didáticas úteis trazidas por ele:

YIN:	YANG:
feminino	masculino
contrátil	expansivo
conservar	exigente
receptivo	agressivo
cooperativo	competitivo
intuitivo	racional
sintético	analítico

Analisando isto, segundo o autor, devemos ver que estamos em desequilíbrio: nossa tendência tem sido muito *yang*. Nossa época é dominada pelo pensamento racionalista, pela razão instrumental, o que torna o sujeito unilateral. O conhecimento científico é considerado ainda a única espécie de saber realmente aceitável; não se admite aí a consciência intuitiva e outras características perceptivas de relação/conhecimento. O cientificismo impregnou nosso sistema educacional e todas as instituições sociais e políticas.

c) O pensamento analítico-racionalista e a contracultura

Para Capra, a nossa subjetividade, após o "*cogito, ergo sum*" ("penso, logo sou") de Descartes e da Revolução Científica, é pensada como identidade equipada com uma mente racional e um corpo, e não como um organismo inteiro integrado. E a divisão entre espírito e matéria levou à concepção do universo como um sistema mecânico que consiste em objetos separados, os quais devem ser reduzidos a seus componentes materiais fundamentais cujas propriedades e interações, acredita-se, determinam completamente os fenômenos naturais. Estendida aos organismos vivos, esta concepção encarou-os como máquinas; daí a fragmentação nas disciplinas acadêmicas, e o ambiente natural tomado como peças separadas a serem exploradas por diferentes grupos de interesse.

O pensamento racionalista científico, analítico, levou a atitudes profundamente antiecológicas. Não se pode, autenticamente, compreender os ecossistemas na forma lógico-analítica exclusiva. O pensamento racional tem sido linear; e, por intuição, vê-se que os "sistemas" ecológicos compõem-se de redes e dinâmicas (auto-organizativas) não lineares, algo aberto, profundamente dinâmico e imprevisível como tal. Linear é o crescimento econômico e tecnológico, pretensamente acreditado como sem fim e "em progresso/evolução", assimilando cada vez maior quantidade de matéria transformável.

Na visão do autor, a consciência ecológica surgirá, unicamente, aliando-se o pensamento racional e uma intuição não linear da natureza – sabedoria (veja-se o exemplo dos povos indígenas, as comunidades sustentáveis e colônias, tecnologias brandas e alternativas) com consciência altamente apurada do meio ambiente. O crescimento de nossa civilização dicotomizou agudamente aspectos biológico-materiais e aspectos culturais da natureza humana. Temos o sufocamento das tradições e comunidades pela velocidade espantosa da sociedade tecnológica de consumo (modelo burguês). *Perdemos então o contato com nossa base ecológica e biológica*. Tal separação manifesta-se na grande disparidade entre o desenvolvimento intelectual, conhecimento científico e qualificações tecnológicas, de um lado, e o atraso em termos de sabedoria, espiritualidade e ética de outro lado. Nos últimos 25 séculos não houve progresso considerável na conduta das questões sociais. Os padrões morais de Buda, Lao-tsé, e dos primeiros cristãos (século VI a.C.) eram bem superiores aos nossos. Nossa evolução unilateral chegou a um estágio alarmante, à beira da insanidade. Propusemos a instalação de comunidades utópicas em colônias espaciais e não conseguimos administrar nossas cidades! (a ciência médica e a indústria farmacêutica estão pondo em perigo a saúde. Os exércitos põem a paz em perigo...). Tais são os alertas de Capra, desde os anos de 1980, os mesmos do novo milênio.

A tecnologia industrial tem por meta o controle, a produção em massa e a padronização, e está sujeita a uma administração centralizada que busca a ilusão de um crescimento material ilimitado. Situação semelhante existe em nosso sistema educacional, no qual a autoafirmação é recompensada no que se refere ao comportamento competitivo, mas é desencorajada quando se expressa em termos de ideias originais e questionamento da autoridade.

A promoção do comportamento competitivo em detrimento da cooperação seria uma das principais manifestações da tendência autoafirmativa. Tem sua origem na concepção errônea da natureza, defendida pelos darwinistas sociais do século XIX que acreditavam que a vida em sociedade deve ser como uma luta pela existência regida pela "sobrevivência dos mais aptos". Temos algo semelhante no fundo da concepção liberal da economia. Assim, a competição passou a ser vista como força propulsora da economia; veja-se a "abordagem agressiva" dos negócios, a "exploração de novos mercados" e outros termos; tal comportamento combinou-se com a exploração dos recursos naturais, a fim de criar padrões de consumo que se tornaram competitivos e narcisistas.

Apesar de tudo, nesta caminhada histórica, por vezes pouco percebida em sua amplitude, as forças de renovação aparecem; tais como a preocupação ecológica, os movimentos de cidadãos organizados em torno de questões sociais e ambientais, movimento antinuclear, feminismo, valorização dos pequenos negócios, "saúde integrativa", agricultura orgânica, comunidades rurais organizadas – "movimentos todos que Roszak e os californianos chamavam de *contracultura*". Neste sentido, hoje a visão estaria mudando: o universo não é mais uma máquina, mas um todo harmônico e dinâmico, rede de relações vivas que incluem o observador humano. Daí que as teorias científicas não estão aptas a fornecer uma descrição definitiva da realidade; são meras aproximações da natureza das coisas: os cientistas não lidam com a verdade, mas com descrições limitadas e aproximadas dela. Desde estas reflexões e caminhos apontados por Capra muito ocorreu e ainda está acontecendo, e muito ainda é preciso modificar para chegar à sustentabilidade.

d) Concluindo: novos valores, nova ética

A obra de Capra *A teia da vida* (1996) de algum modo reforça o que é exposto em *O ponto de mutação*; ali se mostra e reforça igualmente que "a mudança de paradigma requer não só expansão de nossas percepções e modos de pensar, mas também de nossos valores", nesta mudança para a integração para além da autoafirmação/identidade. E é neste sentido que ele afirma: "O poder, no sentido de dominação sobre outros, é autoafirmação excessiva. De fato, nossas estruturas políticas, militares e corporativas são hierarquicamente ordenadas, com os homens em níveis superiores às mulheres. A maioria desses homens, e algumas mulheres, chegam a considerar sua posição na hierarquia como parte de sua identidade, e desse modo a mudança para outro sistema de valores gera neles medo existencial. [...] No entanto, há outro tipo de poder, um poder que é mais apropriado para o novo paradigma – poder como influência de outros. A mudança de paradigma inclui, dessa maneira, uma mudança na organização social, uma mudança de hierarquias para redes" (CAPRA, 1996, p. 27 e 28).

Especificamente, da ética ambiental estrita, há uma afirmação de Capra que resume também seu ponto de vista, ao lembrar a educação a partir da vivência da ecologia profunda, integração com a natureza, com caráter espiritual[27]. Vale reproduzir como tal:

"Todos os seres vivos são membros de comunidades ecológicas ligadas umas às outras numa rede de interdependência. Quando essa percepção ecológica profunda torna-se parte de nossa consciência cotidiana, emerge um sistema de ética radicalmente novo. [...] É de máxima urgência introduzir padrões 'ecoéticos' na ciência. [...] Durante a Revolução Científica, os valores eram separados dos fatos, e desde essa época tendemos a acreditar que os fatos científicos são independentes daquilo que fazemos, e são, portanto, independentes dos nossos valores. [...] Dentro do contexto da ecologia profunda, a visão segundo a qual esses valores são inerentes a toda a natureza viva está alicerçada na experiência profunda, ecológica ou espiritual, de que a natureza e o eu são um só. Essa expansão do eu até a identificação com a natureza é a instrução básica da ecologia profunda, como Arne Naess reconhece: o cuidado flui naturalmente se o "eu" é ampliado e aprofundado de modo que a proteção da natureza livre seja sentida e concebida como proteção de nós mesmos. [...] Assim como não precisamos de nenhuma moralidade para nos fazer respirar [...] se o seu eu abraça um outro ser você não precisa de advertências morais para demonstrar cuidado e afeição. [...] Se a realidade é como é experimentada pelo eu ecológico, nosso comportamento, de modo natural e belo, segue normas de estrita ética ambientalista. O que isso implica é o fato de que o vínculo entre percepção ecológica do mundo e o comportamento correspondente não é uma conexão lógica, mas psicológica. [...] Se temos a [...] experiência de sermos parte da teia da vida [...] então estaremos inclinados a cuidar de toda a natureza viva" (CAPRA, 1996, p. 28ss.).

---

27. Aliás, o seu livro termina com uma proposta *pedagógica* e científica a partir de experiências educacionais em escola nos Estados Unidos. Não obstante, nota-se a carência quanto a uma crítica social e política mais forte.

3.2
Michel Serres e o "Contrato Natural"

Retomando a partir da fundamentação da *deep ecology*, apresentaremos um resumo da proposta de Michel Serres em sua obra *O contrato natural*. É relevante notar aqui a importância que o autor confere à questão jurídica, à questão de uma definição dos direitos relativos à natureza, sempre a partir da pressuposição de que ela é algo vivo, e um sujeito que interage, sujeito de direito, pleiteia ele. "A natureza condiciona a natureza humana e vice-versa. A natureza se conduz como um sujeito"[28].

Serres parte das constatações idênticas do esquecimento da natureza pela construção do Mundo, da civilização antropocêntrico-tecnológica. Denuncia um nível de violência explícito e implícito, traduzido como um Contrato Social de todos os homens – mesmo e especialmente no estado de guerra (que é também um estado de direito (cf. p. 20)) – contra a natureza. "A história tem a luta por motor. Uma mudança global se vislumbra: a nossa" (p. 24). "Para as guerras, as coisas em si mesmas não existem". Ou seja, há uma "violência objetiva" no fundo dos pactos ou das guerras humanas. Isto é expresso no fato de que, à cultura, o mundo (natureza) faz horror (cf. p. 24).

Ele aponta também, indiretamente, para as éticas que não contemplaram até hoje a natureza como sujeito, até porque elas estão conjugadas ao humanismo antropocêntrico; posições que têm como mote último a dominação racional completa da natureza, culminando na dicotomia e objetificação da sua visão de mundo. "Segundo ele, a Declaração dos Direitos do Homem teve o mérito de dizer "todo homem", mas a fraqueza de pensar "apenas os homens". Serres lembra que a origem da palavra "política" se refere à vida social-urbana"[29].

O "Contrato Natural" é o novo pacto a ser estabelecido com o inimigo objetivo do ser humano: a natureza. Quanto ao ser humano, Serres faz um pequeno retrospecto desde o tempo em que não éramos sujeitos racionais como tal, quando se estava "fundido ou distribuído sobre a Terra, entre bosques e montanhas, quando o sujeito desaparecia" (p. 34). Hoje, ele

---

28. Cf. Serres, p. 66. Os números que seguem entre parênteses referir-se-ão à obra de Serres citada.

29. Leis, p. 219.

domina sobre a imensidão; é um ator junto à natureza, uma verdadeira força natural, espalhado em todas as partes, a força mais poderosa, que quando unida (contrato social) torna-se um "enorme animal". "As relações do homem com o mundo se completam, se transformam e se invertem" (p. 37). E mais, "existimos naturalmente. O espírito cresceu como animal e o animal como placa (pedra) [...] vivemos como animais coletivos [...] invadimos não só o mundo, mas a ontologia" (p. 38). Ou seja, nosso ser está interpenetrado a todos os seres.

Fato importante que Serres denuncia: a política como confirmação de uma cultura que perdeu o mundo, que vive tudo em âmbito interior, que reduz todas as questões à lógica, à linguagem e à escritura ("o essencial sucede dentro e nas palavras, e já nunca fora, com as coisas"). Já a produção de mercadorias "erradicou a memória a longo prazo, as tradições milenares, as experiências acumuladas das culturas [...]" (p. 55). Estaríamos vivendo num tempo reduzido ao instante que passa, sem mais lastro.

Serres, a partir da constatação evidente do *factum* do domínio e apropriação privada na cultura e ciência modernas, quer abandonar radicalmente o humanismo antropocêntrico para afirmar a precedência da Vida/Terra, que "existiu sem nós e continuará a existir". Radicaliza em seu estilo bombástico, poetizante, livre e por vezes irônico: "é necessário situar as coisas no centro e nós na periferia, ou melhor, elas em todas as partes e nós em seu seio como parasitas" (p. 61). E mais: "Esta é a encruzilhada da história: a morte ou a simbiose" – simbiose agora inscrita num Direito, elevada ao primeiro plano numa política (p. 62).

Novamente ao seu texto: "Assim, pois, retorno à natureza! Isto significa: acrescentar ao contrato exclusivamente social um contrato natural de simbiose e de reciprocidade". O final da obra é sintomático: "Pois bem, durante um momento de profunda felicidade, a Terra espasmódica se une ao meu corpo vacilante. Quem sou eu agora durante alguns segundos? A Terra mesma. Os dois em comunhão, em amor ela e eu, duplamente desamparados, conjunto palpitante, reunidos em uma aura" (p. 203). Trata-se de uma religação, do humano (*humus*) com aspectos perdidos com o mundo (natureza). É explícita aí a "necessidade de recuperar uma visão espiritual-transcendente para efetivar um contrato natural", entre homem e natureza (p. 203).

Na bela seção sobre o amor e sobre a religião, Serres demonstra bem sua filiação à visão holístico-revolucionária e espiritual. Para ele, amarmos uns aos outros é nossa primeira lei; a segunda, imbricada àquela, é amarmos o mundo; são preceitos inseparáveis. "*O único real é o amor e não há maior lei que a sua*" (p. 87).

3.3
Do "encantamento do humano" – Ecologia e espiritualidade

Os poetas ensinam que a arte, a filosofia e a religião são as sacerdotisas da natureza (H.R. Leis).

O título do livro organizado por N.M. Unger com a participação de L. Boff já mostra seu pressuposto e seu objetivo: defesa de um reencantamento, reespiritualizar o humano, labor e recuperação que traria a harmonia ecológica perdida em termos de subjetividade. Partindo da constatação da desespiritualização, objetificação e instrumentalização tecnicista do mundo, e a partir de pensadores como Heráclito, Heidegger, Etienne de La Boétie ("Discurso da Servidão Voluntária"), Moscovici – além do aparato teórico de autores da *deep ecology* –, propõe uma "reconciliação do espaço político com o Cosmos (natureza)"; apela para as grandes utopias na constatação da busca da "autenticidade do humano" (cf. UNGER, p. 63).

Isto implicará, segundo Unger, um "acesso a um grau mais alto de consciência, para operar uma transmutação profunda, uma *metanoia* em nossa compreensão da natureza e de nós mesmos", ou seja, uma verdadeira conversão espiritual. Prega-se assim uma "transformação espiritual, em busca de uma ética, que faça brotar a 'natureza que nós somos'" (cf. UNGER, p. 63). Como a *deep ecology*, defende que se deve revolver a opção civilizacional antropocêntrica e capitalística em sua raiz (cf. p. 64). Articula, portanto, *natureza, espiritualidade e política*, o que causa espanto a alguns teóricos contemporâneos mais racionalistas e agnósticos.

Para ela, com a pretensão cientificista e reducionista, anseio de dominação da natureza, o Ocidente racionalista deixa de viver a natureza como manifestação do sagrado; mais ainda com a "dura secularização da cultura capitalista". A racionalidade instrumental dicotomizou ciência e poesia, razão e mistério, Pólis e Cosmos; *perdemos a ligação com o todo*. Trata-se agora então de uma "religação (*religião* – MLP): experiência que nos liga novamente ao Cosmos", e, portanto, a nós mesmos (cf. p. 70).

Na parte reservada diretamente à Ecologia e Ética, Unger cita, primeiramente, a *deep ecology*, defendendo, indiretamente, que é possível "preencher as necessidades humanas básicas como amor e segurança e acesso à natureza"; ou seja, pressupõe aqui uma completude realizável do sujeito, a sua "cura" (o que para a psicanálise, por exemplo, seria a busca de um Paraíso perdido) não de modo individualista como o cartesiano, contudo como sujeito idêntico a si enquanto partícipe, intrinsecamente, do Todo, "nosso lugar no Cosmos" (cf. p. 71).

Como L. Boff, defende a ideia de uma nova cosmologia e uma nova ontologia – apesar de, na verdade, requerer uma recuperação da inspiração mítico-ontológica original do ocidente grego. Em segundo lugar, para reforçar, cita Heidegger numa perspectiva biocêntrica, e da busca da autenticidade do ser que incluiria a natureza [...] Cito: "O lugar do ser humano no Todo é dar testemunho desta epifania do Ser" (HEIDEGGER, apud UNGER, p. 77); ainda: "Um é tudo. Tudo é um. Um unindo Tudo (HERÁCLITO, frag. 50)"; "harmonia de tensões contrárias (HERÁCLITO, frag. 51)"[30].

É claro que o caráter espiritual não deve ser uma obrigatoriedade junto à ecologia, mas é necessário levar em conta a sua produtividade (motivacional, de solidariedade...), e analisar o fato de que existem diversas formas de ações que envolvem um caráter espiritual, mais como sentido para a vida do que como prática de alguma religiosidade. Neste viés, o movimento ambientalista, como várias manifestações culturais e humanas, apresenta implicitamente várias tonalidades espirituais ou não. Temos exemplos efetivos de espiritualidade aplicada ao ambientalismo em especial a partir dos anos de 1960-1970, como o movimento *Earth First!* (1979) que possui grupos que cultivam valores biocêntricos, mesclados com crenças vindas do taoismo, hinduísmo, indígenas e outros. Ou ainda a WWF (1961), que promoveu vários encontros e atividades tanto simbó-

30. Unger, p. 27. Como boa contribuição ao ambientalismo, lançando mão de uma espiritualidade mais biocêntrica, "L. Boff falará, na mesma direção de Moltmann, de pan-en-teísmo como a ubiquidade cósmica do Espírito (tudo em Deus e Deus em tudo). Pan-en-teísmo do qual nasceria uma nova espiritualidade integradora, holística, baseada no amor pela natureza (criação)" (Leis, p. 189).

licas quanto práticas, envolvendo espiritualidade e encontro de religiões diversas. Um último exemplo: o movimento *Chipko Andolan*, conhecido mundialmente nos anos de 1970, porque as mulheres se abraçavam às árvores dos bosques nas suas aldeias para impedir o desmatamento; e assim por diante (cf. LEIS, p. 191). Formas de espiritualidade parecem ser algo muito significativo e que dão sentido profundo à questão ou missão ambiental. Um dos melhores exemplos atuais, vindo da Ecologia Profunda, é a chamada *Ecopsicologia*, em especial com o trabalho de J. Macy e M. Brown, como pode ser visto na bela obra *Nossa vida como Gaia*. No Brasil, o nome mais lembrado na defesa de Gaia é o de L. Boff.

3.3.1
O "grito da terra" e a necessidade de religação holística segundo Leonardo Boff

> *A ecologia é a ciência da sinfonia da vida, é a ciência da sobrevivência* (J. Lutzenberger).
>
> *Todos nós precisamos de alimento para a psique; é impossível encontrá-lo nas habitações urbanas, sem uma única mancha verde ou flores; necessitamos de um relacionamento com a natureza [...] projetarmo-nos nas coisas que nos cercam; o meu eu não está confinado ao meu corpo; estende-se a todas as coisas que fiz e a minha volta; sem estas não serei eu mesmo, não seria um ser humano; tudo isso que me rodeia é parte de mim*[31].

a) A ecologia radical ou profunda: crise do espírito

Em *Ecologia: grito da terra, grito dos pobres* (1995), a maior, mais representativa e aglutinadora obra de L. Boff, temos praticamente todas

31. JUNG, C.G. *Entrevistas e encontros*, p. 189, apud Boff, p. 206.

as diretrizes do que representa o pensamento deste "profeta" brasileiro. Ela parte também do fato de que a crise atual é a crise da civilização hegemônica, crise do que se chama "nosso paradigma dominante", ou seja, dos modelos de conceber o mundo e de nos relacionarmos (cf. BOFF, p. 24), baseados nas dicotomias e problemas trazidos pela Revolução Científica e o progresso material capitalista ilimitado.

Em oposição à visão analítica separativa, materialista e cartesiana, Boff resgata os estudos contemporâneos de Cosmologia, Física e Biologia para apontar que "somos um momento no imenso processo de interação universal que se verifica entre energias mais primitivas, nos primeiros momentos após o *big-bang*, até nos códigos mais sofisticados do cérebro humano" (BOFF, p. 29). E este seria o momento histórico que ansiamos por regressar à grande comunidade cósmica e planetária, traduzido pela ecologia: "Fascina-nos a floresta verde, a majestade das montanhas, enlevamo-nos com o céu estrelado e admiramos a vitalidade dos animais. Enche-nos de admiração a diversidade das culturas, dos hábitos humanos, formas de significar o mundo. E surge uma nova compaixão para com todos os seres, particularmente pelos que mais sofrem, na natureza e na sociedade"[32].

Sua posição resgata uma antiga concepção de ligação do Universo com o ser humano, a da correspondência entre microcosmo e macrocosmo, entre a racionalidade das partes e a do Todo. Estes formariam uma grande rede evolutiva e interdependente. "Assim, cada célula constitui parte de um órgão e cada órgão, parte do corpo, assim cada ser vivo é parte de um ecossistema como este é parte do sistema global-Terra, que é parte do sistema-Sol, parte da Via Láctea, parte do sistema-Cosmos"; e, introduzindo a finalidade espiritual, adverte: "Somente uma inteligência ordenadora seria capaz de calibrar todos estes fatores" (BOFF, p. 39). Esta é o que ele chama de "princípio de inteligibilidade e de amorização presente no universo", que tem a ver com a figura de Deus.

A própria biomedicina, mostrando a semelhança dos códigos genéticos de vários seres, entre eles o ser humano, corrobora tal postura, e aponta para a teia implicativa do universo, onde não há elemento isolado,

---

32. Boff, p. 30. "Junto ao *logos* (razão) está o *eros* (vida e paixão), o *pathos* (afetividade, sensibilidade) e o *daimon* (a voz interior da natureza) [...] voz da natureza que fala em nós" (p. 31).

onde “cada um vive pelo outro, para o outro e com o outro”; eis que o ser humano seria então “um nó de relações voltadas para todas as direções; a própria divindade se revela como uma Realidade pan-relacional” (relacionada com tudo). E sua conclusão, a partir desta concepção de natureza, é eminentemente ética, dando dignidade divina a todos os seres: “Se tudo é relação e nada existe fora da relação, então, a lei mais universal é a sinergia, a sintropia, o inter-retro-relacionamento, a colaboração, a solidariedade cósmica, a comunhão, fraternidade/sororidade universais” (BOFF, p. 44).

Outro elemento advindo da *deep ecology* e trabalhado por Boff, nesta tentativa de “pensar cosmocentricamente e agir ecocentricamente”, é o *ecofeminismo*, ligando o caráter da feminilidade a um certo acolhimento diferenciado e mais brando da vida, até porque o feminino, e mesmo a mulher, possuindo mais características intuitivas e ligação mais íntima com a geração da vida que o masculino e o homem, aponta para um registro humano importante e que foi desvalorizado pelo androcentrismo (homem como centro de tudo). “A inteireza da experiência feminina nos aponta para a atitude que deve ser coletivamente construída e desenvolvida, se quisermos viver uma era ecológica em harmonia e relação amorosa com todo o universo” (BOFF, p. 53).

b) A profundidade espiritual do universo e a nossa consciência

Sabedor das dicotomias cartesianas e baconianas, do paradigma reducionista no conhecimento científico e no desenvolvimento econômico, Boff centra sua demonstração no fato de que “o espírito pertence à natureza e a natureza se apresenta espiritualizada”, ou seja, ultrapassa a visão unilateral das religiões instituídas, as quais excluíram os seres não humanos. Na ordem das razões, aponta para a questão temporal de que o “princípio de vida, de inteligência, de criatividade e de amorização apenas pôde emergir nos seres humanos porque primeiro estava no universo e no planeta Terra”, da qual não somos portanto donos e senhores. Num anticartesianismo carismático e forte, convidando para a práxis e não só a teorização, suas afirmações falam por si: “O universo inteiro se faz cúmplice da emoção, da comunicação, do êxtase que une o dentro e o fora, o ínfimo com o máximo. Mas tal experiência é dada somente aos que mergulharem na profundidade espiritual do universo. Tal dimensão pertence ao processo evolucionário” (BOFF, p. 55s.).

O autor insiste em falar na *nossa casa comum, a Grande Mãe, a Terra*, evocando as diversas tradições religiosas e místicas, em especial do passado e indígenas, para mostrar essa relação/re-ligação que precisa ser conseguida pela harmonia desejada pelo próprio princípio que guia/amoriza o universo (cf. BOFF, p. 82). E nós, humanos, somos privilegiados pela nossa consciência, ápice da Criação, consciência *cósmica e pessoal*, com destinos interligados, como a partícula que é ao mesmo tempo onda, no fenômeno quântico evocado a partir de físicos e cosmólogos como David Bohm, H. Frolhich, J. Crook, N. Marshall, D. Zohar e outros, algo muito próximo ao que F. Capra trabalhou em suas primeiras duas obras (cf. BOFF, p. 88).

Seu holismo transparece bem quando refere-se à conjunção de relações formando unidade e perpassando a consciência como uma totalidade indivisível, "que um ponto estabelece com tudo o que está ao seu redor, que vem do passado e que se anuncia para o futuro"; sendo então que "quando a consciência se transforma em ato de comunhão com o todo e de amorização com cada expressão de ser, o universo chega a si mesmo e se realiza mais plenamente" (BOFF, p. 90s.). Este holismo espiritual, com nova cosmologia da interdependência e noção de consciência cósmica formando novo paradigma e inserção vital, é de fato belo: "Somos, portanto, feitos do mesmo material e fruto da mesma dinâmica cosmogênica que atravessa todo o universo. O ser humano pela consciência se encaixa plenamente no sistema geral das coisas. Ele não está fora do universo em processo de ascensão. Encontra-se dentro, como parte e parcela, capaz entretanto de saber de si, dos outros, de senti-los e de amá-los" (BOFF, p. 92).

Este grande teólogo e pensador brasileiro propõe uma *pedagogia* para a globalização cósmica, com pontos que giram em torno de uma nova consciência e ação humana e que, basicamente, em relação aos seres humanos, verdadeiros "cocriadores do universo", mostre que "Somos filhos e filhas da Terra, somos a própria Terra que se torna autoconsciente, a Terra que caminha, como diz o grande poeta mestiço argentino Atahualpa Yupanqui, a Terra que pensa, a Terra que ama e a Terra que celebra o mistério do universo"[33].

---

33. Ibid., p. 185. Outras passagens bastante representativas de L. Boff (1996): "É o universo e a própria Terra que, através do ser humano, sente-se a si mesma" (p. 189). "Sem arrogância antropocêntrica cada ser humano é um milagre do universo" (p. 187). "A atitude mais

Como se vê, a influência religiosa e cristã nesta visão é grande; na verdade, em se falando em ecologia e ética, abordar este âmbito é imprescindível. É assim que refletiremos alguns passos do cristianismo e após do budismo.

Referências

BOFF, L. *Ecologia*: grito da terra, grito dos pobres. São Paulo: Ática, 1995.

CAPRA, F. *A teia da vida*. São Paulo: Cultrix/Amana-Key, 1996.

______. *O ponto de mutação*. São Paulo: Cultrix, 1982.

FERRY, L. *El nuevo orden ecologico* – El árbol, el animal y el hombre. Barcelona: Tusquets, 1994.

JONAS, H. *El principio responsabilidad*. Barcelona: Herder, 1995.

LEIS, H.R. *A modernidade insustentável*. Petrópolis: Vozes, 1999.

NAESS, A. *Ecology, community and lifestyle*. Nova York: Cambridge University Press, 1989.

PELIZZOLI, M.L. *Homo ecologicus*. Caxias do Sul: UCS, 2011.

SELVAGGI, F. *Filosofia do mundo* – Cosmologia filosófica. São Paulo: Loyola, [s.d.].

SERRES, M. *El contrato natural*. Valencia: Pretextos, 1991.

TOOLAN, D. *Cosmologia numa era ecológica*. São Paulo: Loyola.

UNGER, N.M. *O encantamento do humano* – Ecologia e espiritualidade. São Paulo: Loyola, 1991.

---

coerente em face ao indivíduo-pessoa – milagre e mistério – é a admiração, a veneração e a abertura... sua novidade singular. Aí se compreende que, enquanto indivíduo-pessoa, cada um está imediatamente diante de Deus; só a Ele responde definitivamente" (p. 99). "Nós temos a idade do cosmos (15 bilhões)" (p. 186). "*Precisamos efetivamente de uma nova experiência fundacional, de uma nova espiritualidade que permita uma singular e surpreendente nova religação de todas as nossas dimensões com as mais diversas instâncias da realidade planetária, cósmica, histórica, psíquica e transcendental*" (p. 119).

4

Cristianismo e ética ambiental

Sem uma revolução espiritual será impossível inaugurar o novo paradigma da re-ligação. A nova aliança encontra suas raízes na profundidade da mente humana. Este elo da cadeia está ancorado no sagrado e em Deus, alfa e ômega, princípio de organização do universo[34].

Certamente, a relação entre cristianismo e ecoética não é algo simples, e traz mais de uma interpretação, tanto em termos de mostrar a positividade frutífera desta relação quanto em denunciar o modo e uso do cristianismo que se tornou antiecológico. Nesta questão é preciso aplicar mais uma vez o olhar histórico, até porque as abordagens e relações do cristão com a natureza ou criação mudaram consideravelmente. É neste sentido que o Vaticano tem publicado algumas encíclicas e se posicionado pela defesa da dignidade de todos os seres da natureza, bem como o faz, ainda mais claramente, a CNBB, com documentos publicados e até Campanhas da Fraternidade ligadas direta e indiretamente ao tema.

a) Cristianismo e visão medieval

Se focalizarmos a Idade Média, onde dominou a visão teocêntrica e de molde cristão da vida e do universo, veremos que, apesar do obscurantismo e da ênfase na salvação da alma e na relação essencial homem-Criador, sobrou espaço para natureza como criação, considerada obra divina e tendo uma finalidade, ou seja, tendo ainda um caráter sagrado e merecendo

---

34. Boff (1995). Note-se em L. Boff o resgate da cosmologia do Pe. Teilhard de Chardin. Deste autor, veja-se a obra O *fenômeno humano*, publicada pela Ed. Cultrix.

em geral um lugar na hierarquia dos seres. Assim, como obra do Criador, a natureza mantinha um caráter de segredo, não podendo ser vasculhada e transformada radicalmente, como ocorreu com a Revolução Científica, que afasta Deus e natureza, aproximando esta de matéria a ser dominada, fazendo perder sua abordagem como algo vivo.

Em linhas mais específicas da relação ética, apesar da complexidade de situações e ideias do pensamento europeu medieval, podemos dizer que o ímpeto dos gregos é modificado na Idade Média. Neste contexto, já temos uma das maiores revoluções na humanidade: o *cristianismo*. Este vai chocar-se com o *Logos* e *ethos* grego, e em especial com a política-mor do Império Romano, na medida em que este aponta para o *si vis pacem, para bellum* (*se queres a paz, prepara a guerra*), e o cristão aponta para o amor como *caritas* e *ágape*. Na tentativa de conciliação do Reino celestial com o terrestre, que perpassa a era medieval, na administração do choque da mensagem cristã com o poder dos reis, sem dúvida que muito de cristianismo foi corrompido pelo poder.

Não obstante, o "teocentrismo" vigente impede a tentativa de desbaratamento do mistério da criação, manifesto na grandiosidade da natureza como criação. Aqui, resguarda-se ainda um pudor, o distanciamento respeitoso, visto que a chave de manipulação da realidade não pode e não deve estar nas mãos humanas. Alguns ecólogos, porém, como na linha da *deep ecology*, apontam, além da ciência e tecnologia modernas, para o cristianismo em sua simbologia, forma de religiosidade e doutrina – como inspirador da dicotomia homem-natureza que está na base da crise ecológica. O que importaria é o fato da "salvação", questão metafísica entre Deus e homem. Tomam como sintomático o texto de Gn 1,28s., "multiplicai-vos, enchei a terra e submetei-a; dominai sobre [...]". Porém, precisamos reinterpretar a própria essência da mensagem bíblica, para além dos fundamentalismos da perda da natureza presente no javeísmo antigo; precisamos de algum modo recuperar o caráter numinoso/sagrado e de respeito à criação. A noção implícita de natureza-mãe sempre foi muito forte, a "mãe que não pode ser violada". Havia no período antigo e há poucos séculos um impedimento moral e teológico para o avanço da racionalidade instrumental e objetificadora, materialismo e mecanicismo, que aparecem somente na Modernidade. Deus, como bem mostram os místicos, é o inefável e invisível, e as criaturas todas encontram o seu sentido último na participação – ontológica – em seus diversos graus no Ser, no Sumo Bem, ponto ápice de uma hierarquização dos seres em que o homem se insere.

O papel da *mística cristã*, o que seria importante reconhecer, nos revela uma interação de respeito grandioso para com todas as formas de vida. A compaixão: "sentir profundamente com", "sim-patia" com as formas de vida que revelam a grandeza e bondade do Criador; tudo isto é presente em santos e místicos cristãos. Basta lembrar do "Patrono da Ecologia", *São Francisco de Assis*, uma tão elevada personalidade que mostrou ao mundo o que significa exercer uma subjetividade integrada e solidária com os seres e suas fragilidades, sem restringir o acolhimento a quem quer que seja, celebrando a profunda vibração da vida em cada recôndito da existência. Acima das ideias e ideologias, medos e apegos, estava ali a receptividade, simplicidade e equilíbrio dinâmico do humano no mundo. É significativo que precisemos tanto disso hoje.

Em linhas civilizatórias gerais, e apesar do tempo de "obscurantismo" e dogmatismo medieval ou pós-medieval, o ser humano vivia como ser-no-mundo, num cosmo-casa, numa comunidade que justifica o indivíduo, em relações *orgânicas e espirituais*, bem localizado geograficamente (e geocentricamente), culturalmente e espiritualmente. Temos aqui, como na Grécia, uma ciência *qualitativa, descritiva, contemplativa, observadora, teorética*, quase nada experimental ou operativa como a posterior. Não há aqui a destruição do mito, mas uma sua elevação, e até um controle, mesmo que ainda com exageros. O assombro perante a natureza permanece (cf. SELVAGGI, 45).

Em termos espirituais ideais, o *ethos* cristão, enquanto referência para a maturidade do sujeito humano em suas relações com o outro, em sua originalidade, representa um nível profundo de espiritualidade – tomando-se como crivo as relações para com o outro – "amar ao próximo como a si mesmo".

b) O cristianismo e a "re-ligação distorcida pelo poder"

Vamos apresentar agora um pouco do lado crítico desta relação complexa entre cristianismo e ecoética, retratando as posições levantadas por L. Boff em *Ecologia: grito da terra, grito dos pobres*, de onde podemos inferir cinco pontos de conotação antiecológica na tradição judaico-cristã, lembrando que são sempre modos de interpretação e que têm recebido mudanças e melhorias (ou pioras, como no caso de doutrinas fundamentalistas) com o passar do tempo.

1) *Patriarcalismo*: os valores masculinos ocupam os primeiros espaços sociais. Deus mesmo é apresentado como Pai e Senhor absoluto. A figura de Deus como homem, barbudo, bravo, ditador, ainda habita o imaginário religioso de grande parte das pessoas. O lado feminino da Divindade é negada, ou mesmo o lado que está para além de feminino e masculino.

2) *Monoteísmo*: o universo com sua policromia de seres, montanhas, fontes, bosques, rios, firmamento etc. é penetrado de energias poderosas e por isso é portador de mistério e de sacralidade. [...] As divindades funcionavam como arquétipos poderosos da profundidade do ser humano. Ora, a radicalização do monoteísmo, combatendo o politeísmo, fechou muitas janelas da alma humana. Dessacralizou o mundo, ao confrontá-lo e contradistingui-lo de Deus. Por causa da polêmica com o paganismo e seu politeísmo, o cristianismo não soube discernir a presença das energias divinas no universo e especialmente no próprio ser humano. [...] Olvidou-se a grande comunidade cósmica que é portadora do Mistério e por isso reveladora da Divindade (p. 125).

3) O *antropocentrismo* resulta dessa leitura arrogante do ser humano. O texto bíblico é taxativo ao dizer: “sede fecundos, multiplicai-vos, enchei a Terra e submetei-a; dominai sobre os peixes do mar, as aves dos céus [...] (Gn 1,28) [...] *dominium terrae* irrestrito (p. 125). A interpretação que muitos religiosos fazem disso é a pior possível, com o abandono da Vida natural.

4) Outro elemento perturbador de uma concepção ecológica do mundo, comum aos herdeiros da fé abraâmica (incluindo muçulmanos) é a *ideologia tribalista* da eleição. Sempre que um povo ou alguém se sente eleito e portador de uma mensagem única corre o risco da arrogância e cai facilmente nas tramas da lógica da exclusão (p. 126). Nos dias de hoje, temos um tipo de volta ao *javeísmo* primitivo, bélico,

ditatorial, em forma de grandes guetos que acabam por cultivar uma série de preconceituosos sociais, sexuais, religiosos.

5) Entretanto, de todas as distorções ecológicas a maior é a da crença na *queda da natureza*. Por essa doutrina se crê que todo o universo caiu sob o poder do demônio devido ao pecado original introduzido pelo ser humano. O texto bíblico é explícito: "maldita seja a terra por tua causa" (Gn 3,17). A ideia de que a Terra com tudo o que nela existe e se move seja castigada por causa do pecado humano remete a um antropocentrismo sem medida. "Tentação da carne". Mas esta demonização da natureza por causa da queda levou pessoas a não terem apreço por esse mundo, dificultou o interesse das pessoas religiosas por um projeto de mundo [...] amargurou a vida, pois colocou sob suspeita o prazer, realização da plenitude, advindos do trato e da fruição da natureza (p. 127).

c) O resgate universal da espiritualidade humana

> *Enquanto o ser humano não se sentir e não se assumir, com jovialidade e leveza, na solidariedade cósmica e na comunidade dos viventes em processo aberto, em maturação e em transformação também pela morte e assim religado a tudo, ele se isolará, será dominado pelo medo e por causa do medo usará o poder contra a natureza, rompendo a aliança de paz e de amor para com ela* (L. Boff).

É de grande valia a ligação entre os processos de medos humanos internos e externos em relação à atual sociedade, onde a tendência da organização social no capitalismo e na sociedade de consumo é a do isolamento, da salvação narcísica, da busca de remédios intimistas para os desafios e as dores. A proposta espiritual em jogo deve levar em conta o uso que se faz das religiões como busca de sanar esta dor de uma forma às vezes pouco integrada (pouco politizada) nas questões sociais, como é o caso do chamado Materialismo Espiritual[35]. Neste sentido não se pode

---

35. Cf. a excelente obra: *Além do materialismo espiritual*, de Chogyam Trungpa. Ed. Cultrix.

contar com o paraíso na Terra, com as promessas de Eldorado e felicidade plena enquanto os desafios existenciais-sociais passam ao largo do nosso agir. Por conseguinte, é preciso conceber que estamos em evolução, e esta deve ser acima de tudo um processo *espiritual*, de amadurecimento de valores; de igual modo, de resgate do caráter espiritual da humanidade, unido a toda Criação. É neste contexto que se pode afirmar: "Na fase atual (a natureza) sente-se frustrada, distante da meta, 'submetida à vaidade'. Daí, com razão, diz Paulo que a 'criação inteira geme até o presente e sofre dores de parto' (Rm 8,22). A criação inteira espera ansiosa pelo pleno amadurecimento dos filhos e filhas de Deus. [...] Aqui se realiza o desígnio terminal de Deus. Somente então Deus poderá dizer sobre sua criação: 'e tudo era bom'" (BOFF, p. 131).

Mas para entender este processo é preciso acima de tudo parar, não só para refletir, mas para ouvir, *sentir*, inserir-se na natureza, no tempo, na vida das pessoas e nas experiências humanas e éticas da nossa vida diária. Não se trata apenas de novos conhecimentos teóricos, de informações sobre ecologia e sociedade ou coisa semelhante, mas sim de fazer as vivências desafiadoras, como a que resgata o contato e cuidado real com a natureza e com o excluído. "Não basta termos conhecimentos sobre o mundo e o universo. O que precisamos é de uma comoção e uma experiência fontal. [...] Elas fundam as experiências seminais que alimentam as experiências do quotidiano" (BOFF, p. 182). São as chamadas "experiências fundadoras", que nos unem com a vida, que não deixam o tempo passar em branco, perdido nas preocupações com a própria angústia e com o Ego, com os medos, desejos e frustrações.

Trata-se assim de uma experiência espiritual, não no sentido de espíritos ou deuses que estão no além, mas da amplitude da aliança humana com a vida, em seus momentos de êxtase, intimidade, amor, fé e solidariedade; vivencia-se um *sentido* no Universo, podendo mesmo falar-se em Deus, neste sentido bem amplo e profundo, humano e conectado ao que chamamos de natureza[36].

---

36. "O universo se transforma num sacramento, num espaço e num tempo de manifestação da energia que pervade todos os seres, na oportunidade da revelação do mistério que habita a totalidade de todas as coisas" (BOFF, 1995, 179s.).

Nesta perspectiva, acopla-se a postura budista, mas com suas peculiaridades interessantes, abertas, e que vem recebendo atenção crescente pela sua importância ética, humanizadora, pacificadora, ecológica e universalista.

Referências

BOFF, L. *Ecologia*: grito da terra, grito dos pobres. São Paulo: Ática, 1995.

MOLTMANN, J. *Doutrina ecológica da criação* – Deus na criação. Petrópolis: Vozes, 1993.

5

Ética ambiental como responsabilidade universal

Inspiração do budismo

Ética significa a ilimitada responsabilidade por tudo o que existe e vive (Albert Schweitzer).

Em torno da urgência, importância e complexidade da ética ambiental, cada vez mais parece enriquecedor focar num modelo de inspiração ético-sapiencial – aqui no caso haurida da recepção ocidental e brasileira de elementos-chave da tradição budista tibetana. Trata-se, portanto, de uma contribuição não somente para a especulação teórica, mas para o estímulo da vivência do que entendemos por ética no encontro com as chamadas exigências e posturas "ambientais". A dimensão da compaixão no sentido budista apresenta a vantagem de remeter a dimensões essenciais da sociabilidade humana e sua resolução pragmática, seja laica seja religiosa, fundamentalmente apontando para os efeitos de interdependência dos destinos comuns dos seres humanos e suas interligações com os seres vivos.

Dentro deste espírito, uma boa pergunta que já levantamos é: por que há tantos e tantos discursos éticos e pouca efetividade quanto às práticas e mudanças reais de comportamentos e hábitos? É uma reflexão *a priori* reveladora, notar que há uma superposição de discursos morais e uma surpreendente carência ética atual, lá mesmo onde se escreve e fala sobre temas morais, políticos, e até religiosos. Do mesmo modo, bastante cabível aqui é a pergunta pelo motivo da exclusão tanto do destino das gerações futuras quanto dos seres não humanos dentro dos modelos éticos ocidentais, conforme denuncia o filósofo Hans Jonas. Vamos nos concentrar agora, porém, na compreensão da postura do sujeito perpassado pelo sofrimento dos tempos atuais (numa dimensão que liga o pessoal ao social e ao ambiental), e sua possibilidade de superação dentro do caminho da *compaixão universal* inspirada na tradição budista tibetana.

Algumas contribuições da visão e prática atual do budismo tibetano para a ética ambiental

O nome mais conhecido e representativo da tradição budista em geral é hoje o do XIV *Dalai-Lama*[37], com dezenas de obras traduzidas pelo mundo afora. No Brasil, tal tradição floresceu de forma intensa nos últimos 20 anos. Ressalto aqui um nome que desponta, o *ex*-professor de física da UFRGS e ecologista *Lama Padma Samten*, autor de obras como *A joia dos desejos*, *Meditando a vida*, *Mandala do Lótus* e *Relações e conflitos*, além de *O lama e o economista;* ele faz um trabalho de adaptação brasileira da tradição, e opta por uma abordagem enfaticamente filosófica, reflexiva, da mesma. Tal trabalho de adaptação, numa consideração hermenêutica, é essencial para não se cair no arcaísmo, na anacronia e em deslocamentos de contextos sem a perspectiva da mediação crucial do presente, da recepção dos textos e discursos em cada momento histórico. Ou seja, não é possível trazer os textos antigos para o presente como tais, mas sempre na mediação das interpretações e horizontes possíveis e interessantes dos intérpretes (GADAMER, 1998, 400ss. e 436ss.). Por isso, a leitura atualizada, dirigida, sempre interpretada e cotejada com os problemas e motivações e perguntas cruciais do intérprete e seu tempo é que valem, muito mais do que a precipitada vontade de objetividade dos textos antigos e sua tradução "completa". É por isso que não precisamos do pseudorrigor pleno de retorno historicista e racionalista para fazer valer os sentidos estimulados pelas leituras e interpretações dos textos e ideias antigas. Dito isto, se entende melhor a necessária recepção ocidental e brasileira de filosofias e práticas impactantes de outras tradições na atualidade. Na verdade, na tradição em pauta, os textos devem ser testados pelo intérprete, na prática da vida cotidiana, tanto quanto no cotejar crítico e nas disputas de argumentos.

Diga-se, ainda, que a leitura e recepção do século XIX de textos da "filosofia", psicologia ou mesmo religião budista, presente por exemplo em autores como Schopenhauer, ou também em Hegel ou Nietzsche, tor-

37. Sobre sua história e fuga do Tibet, assista-se o filme *Kundum*.

naram-se por demais niilistas. Este niilismo já latejava naquele momento, bem como uma certa noção de renúncia ao mundo concreto (que pode ser feita de modo idealista alemão por exemplo, pela Razão), como se a tradição "oriental" fosse dicotômica e pregasse o abandono do mundo, bem como a passividade. Alerte-se, portanto, que tal leitura foi útil, mas não traduz necessariamente o *bonum* e o leque dos usos possíveis da experiência trazida pelo budismo.

Ainda, outro alerta importante é entender que não há apenas *um* budismo, quanto mais *uma* filosofia oriental. A diversidade de escolas é imensa. Deveríamos no mínimo diferenciar entre as escolas indianas originais do budismo e sua propagação para o budismo japonês (zen), budismo chinês (chan) e o crescente budismo tibetano (não esquecendo que há escolas, mosteiros e linhagens em outros países com peculiaridades próprias). Escolhemos aqui o budismo tibetano, e dentro dele em especial a escola *madhyamika*, do caminho do meio[38], devido a ser uma escola filosófica e ao mesmo tempo de grande potencial de compreensão do sujeito humano e sua mente, tendo por acréscimo uma intenção pragmático-ética intensa[39].

Em *Ética para o novo milênio*, de Dalai-Lama (2000, p. 138), podemos encontrar algo da ética advinda da noção mais capital no budismo tibetano: *nying je* (traduzido como "compaixão"). Sobre isso, diz o autor no capítulo VII: "Forma-se um sentimento de intimidade com todos os seres sensíveis, inclusive com os que podem nos ferir, comparado na literatura ao que a mãe experimenta por um filho único".

---

38. Nome fundamental desta escola é Nagarjuna (150-250 a.C.), bem como Shantideva (687-763 d.C.), professor da famosa Escola Nalanda na Índia.

39. "No Prasangika Madhyamika os proponentes não aceitam ou apresentam, como as outras escolas fazem, qualquer teoria em qualquer um dos quatro modos, conhecidos como as quatro alternativas de existência: [1] "é", [2] "não é", [3] tanto "é" quanto "não é", [4] não "é" nem "não é". Tomar uma posição ou apresentar uma teoria que caia sob um dos quatro modos é comprometer-se e apegar-se àquela teoria. Isto causa pontos de vista contraditórios e produz uma teoria que tem o defeito de precisar ser defendida. "Os prasangikas simplesmente demolem e rejeitam as teorias dos outros. As principais teorias a serem demolidas são aquelas que mantêm uma ou outra das visões extremas do substancialismo e do niilismo. O substancialismo [ou eternalismo] afirma a existência de uma entidade universal que gera os fenômenos. O niilismo nega a existência de tal substância subjacente. O método dos prasangikas é expor as consequências das visões dos outros sem apresentar qualquer visão própria" (Tülku Thöndub Rinpoche).

No budismo tibetano, a compaixão é fruto de um amplo processo, que começa com a percepção do estado da mente (geralmente em desequilíbrio). Em nossa tradição tendemos a pensar *compaixão* como pena ou piedade, uma noção comprometida com certa ideia de fraqueza, de inautenticidade do que somos concretamente, e ligada a uma motivação particularmente religiosa ou piedosa. Estes preconceitos relacionados com ideias religiosas (bem como ao positivismo ainda presente nas academias) confundem francamente a percepção de sabedoria ética proposta para os seres humanos e o possível caráter de seu valor universal, enquanto experiência aberta e com vários graus de intensidade. A compaixão – nas obras do maior mestre vivo do budismo tibetano – não é vista como uma operação artificial, fácil ou subterfúgio do sujeito; ao mesmo tempo em que ela se liga à sua essência, ao que ele é mais profundamente (e aí podemos discutir fios metafísicos diversos), em geral pode estar oculta por outras demandas que tomam conta da consciência, vontade e afetividade do sujeito. Portanto, a compaixão exige toda uma prática, não apenas intelectual, mas de corpo, emoção e mente (o que inclui as relações humanas) para ser des-sedimentada, desacomodada e trazida à tona. Muito do budismo entra no Ocidente como psicologia, o que é deveras interessante quando une reflexão e usos pragmáticos, éticos e de autocompreensão[40]. Num certo sentido, trata-se de levar às últimas consequências a intenção de Sócrates de penetração naquilo que "somos" mais originalmente.

A mente inquieta pode ser útil e ativa (criativa) em muitos casos; não obstante, é neste contexto que se geraria sofrimento. Por quê? Porque a mente inquieta é em geral faminta e deseja – como ego – consumir a tudo no modo da objetificação, e em geral não se contenta com o que tem; nem com o *presente* (estando presa ao passado e às demandas de futuro – "sou um sofredor, mas um dia serei bom, rico, livre..."); a mente inquieta é como um macaco que não consegue parar no galho. Enfaticamente, quanto menos pacificação houver, mais a mente não domesticada dominará o sujeito. Para além de falar, e pensar que tem razão, o sujeito é falado, pela tagarelice mental, pela cultura de massa, pelo pequeno ego da cabeça. Em tese, ele acha que está no controle e tem autonomia, mas quando cai em si ou se enfrenta com dificuldades maiores da própria vida

---

40. Sobre isto cf. a excelente obra *Muito além do divã ocidental*, ou ainda *Além do materialismo espiritual*, ambas de C. Trungpa.

e seus limites (mudanças, perdas, mortes), vê-se escravo de uma série de condicionamentos, ideias-imagens, preconceitos, desejos egoístas, manias e mesquinharias. Falamos aqui certamente de condicionamentos ou *hábitos* negativos, e que impedem a mente ou consciência de ter *lucidez*. A mente, perpassada por desejos sem fim, está a serviço do ego em sua confusão e busca cega; por conseguinte, sem serenidade e sem lucidez ambos podem ser levados a um desgaste tremendo, cansaço, desânimo, frustração, perda da capacidade de amar, não aceitação da morte, medo do envelhecimento, da doença, enfim, medo de viver (NAGARJUNA, 1994, cap. 1). É tal inquietude, estes medos, estas frustrações e toda uma carga imensa de negatividade a se retroalimentar que temos que investigar se queremos chegar às *causas da degradação ecológica e social*. Esta é não mais que uma consequência do *habitus*, do *ethos* e da mente humana desequilibrada. Por que trataríamos bem os animais e ecossistemas se não o fazemos com as crianças? Por que trataríamos bem aos outros se não cuidamos seriamente de nós mesmos?

No caminho do desejar coisas externas (conquistas de toda ordem) e colocar nelas a dependência da felicidade, é aí que habita a grande armadilha da não aceitação da realidade e da infelicidade humana (SAMTEN, 2001, cap. 1). O sujeito dominado pela negatividade, frustração e desejos infindáveis da mente (o desejo do Infinito é projetado nas coisas finitas, e assim a sociedade de consumo substitui a Relação Eu-Tu autêntica) os quais se manifestam na exacerbação do uso de partes do corpo (boca, olhos e genitais) no máximo das sensações, está automaticamente tomado pelo conjunto de causalidades que o ultrapassam e que formam o que se chama de *carma* (em sânscrito, *ação*), ações condicionadas e repetitivas. É neste contexto que aparece uma série de não virtudes, as ações egoístas e danosas – frutos em geral da infelicidade e do autocentramento narcísico do indivíduo sobre seu próprio sofrer, acima do sofrer dos outros.

Por outro lado, se percebêssemos a sabedoria de que "é a nossa experiência de sofrimento que nos une a nossos semelhantes" (DALAI-LAMA, 2000, p. 148), seria mais motivador ir além do egocentrismo. Para o budismo em pauta, todo ser procura em essência evitar o sofrimento e alcançar a felicidade. Mas o *método* (caminho) e atitudes utilizadas não têm sido corretos, pois não possuem lucidez e não compreendem a profundidade ética da existência e dos seres em sua *inseparatividade*; a dificuldade maior é a não consolidação de uma prática efetiva, adequada e perseverante para experimentar e realizar isso (liberdade, lucidez, desapego...). Em primeiro lugar, é preciso atuar com a "motivação correta": "A motivação correta – trazer benefício aos outros seres – tem o poder de transformar ações aparentemente comuns em prática espiritual" (SAMTEN, 1995, p. 46). Aqui, a dimensão espiritual não significa estar dentro de uma religião, mas um caminho de compreensão e de aprimoramento do sujeito de modo a tornar-se aquilo que ele, no fundo, mais deseja (transcendência?), felicidade, amor, bondade, união, serenidade, enfim, dimensões positivas e de grande alegria de viver. Como diz o Dalai-Lama, "religião deve ser compaixão, bondade e amor", portanto, universalização do bem humano em profundidade. Não há ser humano que não encontre nisso algum valor e vida profunda.

Ou seja, a concepção individualista do ego, e do uso de outrem para sua própria gratificação, tomando os seres todos como objetos, objetifica também o próprio eu, que perde o contato (espiritual) com o universo, ou seja, com a "natureza ilimitada" de cada um. O conceito de natureza ilimitada (SAMTEN, 2006, p. 85ss.) é uma chave dentro da leitura que se faz do budismo, pois aponta para o *essencial* que atravessa a vida, e uma *realidade absoluta*, para além das formas relativas (incluindo a morte). Em teoria, a partir do olhar da filosofia no Ocidente, entenderíamos isso como a compreensão do Ser acima dos entes e que permanece além da mudança, algo próximo à metafísica clássica, mas retomada numa visão hermenêutica (como em Heidegger). É preferível, no entanto, o entendimento ético profundo (vivencial) desta dimensão, como aconselham os mestres do budismo, o qual pode ser alcançado apenas por uma via não racional; portanto, a *meditação* e suas várias formas têm precedência como experiência fundamental. A estrutura teórica, metafísica ou não, é apenas um caminho provisório, maleável. A metáfora do discípulo confuso que olhava apenas para o dedo de Buda apontando para a bela Lua é exemplar. O dedo serve apenas para apontar algo, mas você deve contemplar de fato a Lua e não o dedo.

Para o budismo, "Buda" significa não um deus do passado ou que está nos céus, mas uma metáfora de iluminação, um despertar profundo. É a essência natural de cada um, muitas vezes sedimentada e contaminada pelo apego ao eu e sua gratificação imediata, ao materialismo, aos conceitos e preconceitos. Sem a remoção dos obstáculos (internos, relacionais), não há progresso no caminho do despertar. O que evoca uma boa reflexão é pensar se haveria graus neste despertar, e até onde podemos chegar neste caminho. Em todo caso, junto a elementos espirituais (humanos), o budismo, principalmente o tibetano e da escola *Madhyamika*, é apuradamente filosófico, na medida em que faz uma des-realização ou des-solidificação do ente aprisionado cognitivo-existencialmente; uma quebra dos conceitos, para além do Ser e do Nada, das gravitações da dualidade da Razão convencional centrada no ego e suas justificações.

A profundidade de uma ética budista é revelada quando se percebe que a busca assenta-se para além de bem x mal, anteriormente às dualidades da percepção, dos conflitos da emoção, das dicotomias, sejam elas religiosas ou mundanas. A saber, a realização moral é dependente da resolução dos conflitos "interiores" (mentais, que não se desligam de modo algum do "exterior", relacional); as ações são dependentes do aflorar da natureza interior, de uma tomada de consciência e de um despertar para aquilo que acontece de fato comigo e com o mundo. "No que se refere à ética, contudo, o mais importante é que, onde o amor pelo próximo, a afeição, a bondade e a compaixão estão vivas, verificamos que a conduta ética é espontânea" (DALAI-LAMA, 2000, p. 147).

Esta "natureza desperta ou ilimitada" está sempre ali, como Vida, mas advém por meio de todo um *processo*, por exemplo: percepção do sofrimento próprio e dos outros; tomada de decisão de seguir o caminho espiritual (questionamento da "roda da vida", onde estamos presos); prática de espiritualidade ou religiosidade como auxílio; evitar os "venenos da mente" egoísta e as ações não virtuosas (praticar moralidade e bondade, eis claramente uma demanda ética do budismo); meditação contínua (silenciosa em especial); aceitação e prática da compaixão por todos os seres; caminho do *Bodisatva* (aquele que vem para ajudar os outros (prioridade da alteridade) seres a ultrapassar o sofrimento da "roda da vida" – condicionamentos e automatismos) e iluminação (um estado que todo ser já contém em si, conjugado ao próprio universo).

Não obstante, o budismo não prega aceder à "iluminação" para depois agir eticamente. Os textos dos filósofos e mestres falam eminentemente na necessidade por si da prática da generosidade, na manutenção da energia social constante e da alegria pessoal; na equanimidade, colocando-se no lugar do outro, e na humildade da vida, ou ainda no "tomar refúgio": na comunidade de praticantes e na meditação, no Dharma (caminho, ensinamento, retidão [...]), nos mestres, mas acima de tudo no "colo do absoluto", na natureza ilimitada presente em cada um. É preciso tomar refúgio em sua própria natureza, diante dos apelos de uma sociedade de extrema extroversão separativa e consumo de objetos; é preciso ser senhor de sua própria mente, seu corpo; cuidar de suas relações. Trata-se de um ideal ético desafiador. Mas pergunta ele: "Que tipo de amor é o de vocês, aquele que só existe se o outro sorrir? Esse amor baseia-se no que recebemos, por isso é frágil" (SAMTEN, 2001, p. 75).

O budismo mostra, portanto, como é fundamental trabalharmos com as nossas marcas mentais, ou *habitus* (chamados de *carma*) que provêm de longos anos e de situações familiares, e que muitas vezes são causadores de nossa incompreensão da harmonia, ou melhor, da liberdade, da lucidez e da preciosidade que é a vida humana. Há, preliminarmente, três "automatismos" do eu visados na prática budista, o cognitivo, o emocional, e o cármico (na ordem: aparente, oculto e sutil), sendo este último o mais difícil de lidar (SAMTEN, 2001, p. 80). Ou seja, podemos com esforço aprimorar ideias, percepções, conhecimentos e até mudar algo. Já no segundo nível, um bom exemplo é a necessidade de fazer alguma terapia durante muitos anos para acessar dimensões que nos causam sofrimento. O terceiro é o mais longo, profundo e difícil, pois são dimensões que podem estar ligadas ou encarnadas ao nosso ego de modo sutil e profundo, e que geram novos apegos e inquietudes e sofrimentos de difícil investigação. Há uma gama de meditações e de técnicas mentais e energéticas (como na escola tibetana prática Dzogchen) para tentar acessá-las, durante muito tempo, e removê-las[41].

Na mesma época em que na Grécia Antiga Heráclito pregava o "tudo flui, nada permanece", Sidarta Gautama, na Índia de 2600 anos atrás, pregava a impermanência de tudo. A *impermanência* é um dos ensinamentos básicos, para mostrar que todo projeto humano, toda possibilidade está perpassada por impossibilidades; toda visão de mundo é momentânea, o ego é frágil e passageiro, nossos apegos mais ainda. Segundo essa posição, a vida humana é altamente *preciosa*, é a oportunidade única para "evoluir" e chegar ao sentido maior da existência para além da existência

41. A profundidade da psicologia budista é vista quando se surpreende com um catálogo de 84 mil nuanças mentais ligados a estados emocionais, construído e testado durante séculos.

cíclica ("roda da vida" condicionada). O que indica o transcender (ou perceber como é realmente) de tempo e espaço, como os conhecemos, são as experiências relativas à natureza ilimitada, indicadas na meditação, bondade, amor e compaixão e, assim, estado de felicidade duradoura. Estes aspectos "são fundamentais para a sobrevivência da espécie humana" (DALAI-LAMA, 2000, p. 146). Eis aí a sua ventilada *"revolução espiritual"*. Temos assim uma base que pode revolucionar o *ethos* capitalista desde sua raiz, revertendo, quiçá, o processo de degradação econômica, social e ecológica atual.

Segundo o budismo, essencialmente ecológico, a interligação e a complexidade de todos os seres, bem como a *interdependência* de observador e observado, são algo natural e experienciável. "Acredito que cada um de nossos atos tem uma dimensão universal" (DALAI-LAMA, 2000, p. 146). E mais, o budismo opera com a concepção de que além da interdependência – própria da ecologia e do holismo (bom exemplo é a *ecologia profunda*) – o homem situa-se na *inseparatividade*, apesar de vivenciar percepções separadas entre as coisas e entre os humanos, e entre os humanos e os outros seres, e com o universo. Junto com a ideia da iluminação, a inseparatividade é o conceito mais difícil de entender (e vivenciar como tal), até porque ele se dá dialeticamente em meio à separatividade. O budismo, tal como certos aspectos teóricos da fenomenologia (cf. VARELA, 2001, cap. II), possui apuradas teorias, debates e, acima de tudo, práticas de corpo e mente para vencer as dicotomias, e colocar-se acima da dualidade. Uma circularidade fundamental, dirá Merleau-Ponty; inseparatividade, dirá o budismo. Uma boa metáfora criada é a da *mandala*, que muitos conhecem por meio de figuras circulares cheias de símbolos e geometrias integradas. Olhar a natureza como mandala parece cada vez mais plausível, pois conhecemos hoje os ecossistemas e interligações de tempo, espaço, energia, que entrelaçam o desenvolvimento dos contextos bióticos e das esferas e níveis funcionais em homeostase; mas olhar as sociedades, pessoas e acontecimentos dentro deste aspecto altamente sistêmico e de causalidades entrelaçadas torna-se uma tarefa surpreendente e difícil, também porque exige-se hoje preservar as conquistas da liberdade individual e do estado não naturalístico das instituições e da política de nosso tempo.

Uma universalidade levada ao extremo, uma solidariedade básica anterior à própria vivência ética; o caráter de absoluto de uma natureza ilimitada para além das aparências e da relatividade de todas as coisas que concebemos na dualidade e discriminação; será que o budismo nos convida a um certo retorno a perspectivas antigas, metafísicas, naturalistas? Não acredite antes de testar, eis o conselho de Sidharta Gautama, chamado também de Buda. O efeito do medicamento depende de cada paciente; e além do mais, para o budismo, todo medicamento pode ser também veneno, como diz a filosofia do *pharmakon* de Platão. Trata-se de uma notável abertura e sabedoria de vida (cf. SHANTIDEVA, 1992).

O chefe espiritual do Tibet prega uma *responsabilidade universal*, a partir de uma "consciência universal" básica e imprescindível nestes "tempos de degenerescência" que, prescindindo da culpa e suas neuroses, aponta apenas a coerência do "caminho do meio", do direcionar corações e mentes para os outros. O Dalai-Lama afirma várias vezes a "uniformidade da família humana", e que, basicamente, "todos somos iguais" (DALAI-LAMA, 2000, p. 179); todos sofremos, somos frágeis e ao mesmo tempo participamos da natureza de algo perfeito. O perfeito participa do imperfeito.

Isso tudo implica naturalmente a *ética ambiental*, já que todos os seres estão envolvidos e têm dignidade própria. Sobre o meio ambiente em particular, os budistas têm falado frequentemente. Em *Ética para o novo milênio*, o Dalai-Lama afirma que a insatisfação das pessoas, fruto do egoísmo, apego e desejo, estão na origem da destruição ecológica e desintegração social (DALAI-LAMA, 2000, p. 181). Aí, inveja, competitividade, crescimento do materialismo e da insatisfação convivem juntos. Ele critica, pois, o incessante crescimento econômico, a infelicidade causada e vivida pelos ricos[42], a desigualdade e injustiça nas relações Norte-Sul; e, por outro lado, mostra-se otimista pelo crescimento da busca pelo "mundo interior", pelo nível de conscientização, pelas soluções não violentas de conflitos, e pelas novas esperanças que surgem para os oprimidos (DALAI-LAMA, 2000, p. 185).

Diferentemente de um holismo místico confuso, a obra defende que o mundo natural é nosso lar, mas não é necessariamente sagrado ou santo, mas "o lugar onde vivemos"; trata-se, pois, em questão socioambiental,

---

42. A vida de luxo "estraga as pessoas" e mina a civilização e o ambiente. Cf. p. 191.

de nossa sobrevivência antes de tudo. Ele fala ainda na necessidade de um desenvolvimento sustentável, de um planejamento familiar efetivo e cuidadoso, e da urgência da paz e do desarmamento (DALAI-LAMA, 2000, p. 204). Num lance de realismo e humildade, o Dalai-Lama afirma que precisamos, indo além dos princípios, das palavras e filosofias, tomar medidas *práticas*; cada um deve fazer o que pode, mas que o faça (DALAI-LAMA, 2000, p. 194). Há também uma mensagem que serve bem para os acadêmicos e intelectuais: **"Os que têm grande erudição, mas não têm bom coração, correm o risco de serem atormentados por ansiedades e inquietações de desejos que não podem ser realizados**" (DALAI-LAMA, 2000, p. 196).

Consequências: um convite à experiência ético-ambiental permeada pela tradição budista tibetana

É cada vez mais claro a importância inspiradora da retomada de culturas e filosofias de caráter não dualista, não dicotômico, não racionalista, e com ênfase pragmática, propícia para o que chamamos de filosofia prática, e que tem algo essencial a dizer e experienciar frente à crise dos rumos da cultura do Ocidente (o "*american way of life*"). Os rumos de efetivação a serem tomados por uma tal proposta, ampliada e abrangente, demarcar-se-ão sem dúvida no campo central que é a *ética e a educação* (ambiental, integral, libertadora), evidentemente aberta a novos fundamentos filosóficos atualizados e eficazes, numa hermenêutica ou dialética do novo e do antigo.

O reconhecimento do valor da tradição budista tibetana, tanto em termos de discussão filosófica e existencial quanto em dimensões espirituais, tem florescido no Ocidente a ponto de alguns autores falarem em um novo renascimento no Ocidente, onde entra bem a dimensão ecológica, a guinada para o feminino, os direitos humanos, os novos paradigmas em ciência e outros movimentos culturais. A ecopsicologia é outro bom exemplo disso; mas também o crescente número de experimentadores das práticas e os teorizadores do legado budista o demonstram. No Brasil, esse processo estaria ainda em seus começos, apesar de ter avançado bastante. Em países europeus e mesmo os Estados Unidos os estudos budistas têm sido intensos dentro e fora das academias (mosteiros, centros de estudos, locais de práticas), o que pode ser verificado pelo número crescente de traduções de textos antigos e publicações de comentadores[43].

O ponto que nos chama neste escrito é contudo a afirmação da força argumentativa e práxica da compaixão universal, da inseparatividade dos destinos, da visão de interdependência de fatores humanos, naturais, e a possibilidade de estender uma ética global sob a bandeira laica e inclusiva da alteridade, que pode ser representada pela ecologia – não como verdismo, mas como prática de vida. Trata-se de um *ethos* mundial e consensos mínimos baseados no atual estado de degenerescência cultural, e ao mesmo tempo no potencial imenso dos seres humanos para fazerem florescer o melhor de si, o bem, a alegria, o amor, enfim, a compaixão pelos seres. Certamente este é um ideal voltado para o futuro, e ainda um ideal. Não obstante, a inspiração budista nos convida à vivência plena do presente, começando onde estamos, assumindo completamente nosso estado atual, e da inclusão dos outros como uma prioridade, neste grande mistério que é viver como *ser-com-os-outros* e como *ser-no-mundo*. É provável que estejamos ainda num tempo inicial deste caminho; e o importante é caminhar, contemplando mais a Lua do que o dedo que a aponta.

5.1
Ética ambiental e religiões – Breve síntese a partir da Unesco

Já que estamos em meio a temas culturais-religiosos aplicados à "ética e ambiente", apresentaremos um breve excurso ou síntese a partir de posição expressa pelo Programa das Nações Unidas para o Meio Ambiente, ligada à Unesco, e portanto direcionada em especial à Educação. A síntese visa fazer um sobrevoo breve em interpretações que podem representar o aspecto frutífero nesta relação entre religiões e ética ambiental propriamente dita[44].

Dentro desta problemática, de modo simples, se por *ética* entende-se um comportamento humano ideal, por *ética ambiental* entenda-se isto

---

43. Em uma simples pesquisa em um buscador de internet a palavra "Buddha" (em inglês) tem 128 milhões de referências; 23 milhões a palavra "buddhist", mais 80 milhões "buda" e 24 milhões a expressão completa "buddhist philosophy".

44. A síntese parte do documento Connexion – *Bulletin de l'Education Relative a l'Environnement*, Unesco/Pnue, vol. XVI, n. 2, junho de 1991. Tem por título: "Uma ética ambiental universal: fim último da educação ambiental". A tradução é feita por nós.

em especial em relação à natureza. Aponta-se que, em termos estritos, as legislações ambientais não bastam; a elas deve-se fazer acompanhar uma *ética*. Além do mais, a legislação muitas vezes é precária, e aí novamente se faz fundamental a conscientização, a sensibilização, uma moral coletiva e também pessoal.

"Pensar globalmente, agir localmente". Eis o *slogan* da luta ambiental. Ele implicaria uma *ética ambiental universal*. Mas quais serão os princípios comuns de tal ética? Como universalizá-los no plano da educação? É possível que isto comece pelo estudo comparativo das culturas e das éticas ambientais que transcendem as fronteiras do tempo e espaço.

Cronologicamente, pode-se começar pelo *hinduísmo*. Neste pensamento encontramos a crença numa realidade interior, invisível, que rege o mundo dos fenômenos percebidos. Em tudo há a manifestação de um "Ser interior" ou "Espírito", que dá unidade às diversas divisões e articulações do mundo. O ser interior do homem ("Atman") está intimamente unido ao ser interior (ou "energia") de todas as coisas ("Brahman"). O conhecimento objetivo está ligado diretamente ao conhecimento subjetivo. Conhece-se não a personalidade (eu, *cogito*, porta única de acesso à identidade como a entendemos), mas o Si transcendente, e assim se "conhece" (se "vive") a natureza de todas as coisas. Em suma, nota-se que há uma correspondência profunda entre a visão de mundo ecológica e o pensamento hindu. O traço fundamental é a visão holística, a unidade do si-mesmo e seu contexto natural; e dois elementos aqui se destacam: a empatia e a compaixão para com todos os seres vivos, bem como o sentimento de harmonia com o meio ambiente, donde a sua proteção.

No *jainismo* temos uma ética ambiental extrema. Aqui não se é considerado, como no hinduísmo, manifestação de uma alma universal, pois cada ser (alma) preserva sua integridade própria. Para esta filosofia, todas as almas são puras e perfeitas por si mesmas. A moral fundamental é o Ahimsa – a determinação de não matar o menor ser vivo, nem de lhe fazer mal algum ou causar sofrimento. Um exemplo do zelo de seus seguidores é o fato de não comerem carne, visto que a consciência empírica do animal é mais sutil que a das plantas.

No *budismo* vê-se em seus três primeiros preceitos morais algo muito significativo: abster-se de matar as criaturas vivas, abster-se de roubar e abster-se do apego aos prazeres dos sentidos. "O respeito da vida e da propriedade, a rejeição aos modos de vida hedonista e a noção de veracidade privilegiando a coerência de pensamento e da ação são todos princípios éticos a serem levados em conta para elaborar uma ética ambiental" (p. 2). Aqui também encontramos o preceito do Ahimsa e o grande valor dado aos seres vivos. Daí se deduz uma atitude de benevolência acima de tudo e de não violência para com a natureza, os animais e os outros; e mais, uma crítica às atitudes agressivas e egoístas, à exploração dos recursos baseado no gigantismo e no estilo de vida consumista e desenfreado. Se já falamos do budismo tibetano, lembremos que o zen-budismo (japonês) é muito semelhante e encontra afinidades maiores com o taoismo (budismo chinês). Do *taoismo* temos a famosa perspectiva do *tao*, caminho ou via, do equilíbrio; percurso do universo, desenvolvimento ordenado e harmônico dos fenômenos, respeito e interação com a tendência dos seres de se desenvolverem, de perseguirem seu curso alcançando a plenitude e perfeição natural, tais como são. Do taoismo, em sua visão de harmonia entre o homem e a natureza, entrevê-se o desafio a um desenvolvimento tecnológico apropriado, essencialmente cooperativo e flexível. Aqui não há preocupação com o domínio e manipulação da natureza, mas antes com uma estratégia que submete os processos naturais em proveito do homem conjuntamente à adaptação ao meio ambiente do seu modo de viver.

Com *Confúcio* encontramos também a filosofia do *tao*, mas insiste-se na ordem da sociedade humana e sua harmonia; temos uma ética ambiental antropocêntrica: a degradação e poluição do ambiente é danosa às outras pessoas; isto fere as duas virtudes fundamentais – o respeito ao outro e a justiça. A ética ambiental aqui é uma dedução indireta, mas imprescindível, na medida em que pensa a interação "harmoniosa" entre pessoas diferentes.

O texto de *Connexion* apresenta ainda brevemente as controvérsias ligadas a um resultado ético-ambiental da tradição judaico-cristã. De certa forma a visão de usufruto da criação, posta no final de uma certa hierarquia – Deus-homem-natureza –, não contemplou senão uma ética entre os homens ou ainda entre Deus e o Homem. Não obstante, é preciso erguer as melhores interpretações possíveis das posições teológicas, do papel da criação destinada ao homem e do papel deste diante dela. Neste sentido, é citada a encíclica de 1990 do Papa João Paulo II, sobre o meio ambiente. Ali evidencia-se a responsabilidade dos seres humanos como guardiões e protetores da natureza e não como seus proprietários; além do mais, ela faz ver que amar os semelhantes implica preservar os recursos naturais, dos quais todos dependemos.

O artigo trata ainda da ética ambiental relativa ao islamismo, mostrando que se ali não há uma ética ambiental tão clara como no pensamento oriental, vê-se contudo uma preocupação semelhante à da tradição judaico-cristã. De Maomé ao Corão, é patente que o Islã deve conservar a criação de Allah. "O meio ambiente, enquanto consagrado às mãos do homem e a serviço deste, é objeto direto de respeito e de cuidados, pois é obra de Deus e um signo de seu poder e majestade. A tradição islâmica apoia também claramente uma ética ambiental antropocêntrica indireta" (p. 5).

Por fim, é cada vez mais claro, ao nosso ver, a importância inspiradora da retomada das culturas e filosofias de caráter não dualista, não dicotômico, não mecanicista, e que têm algo essencial a dizer frente à "megalomania" do rumo do Ocidente. Os rumos de efetivação a serem tomados por uma tal proposta, ampliada e abrangente ("holística"), demarcar-se-ão no campo central que é a *educação ambiental*, aberta a novos fundamentos filosóficos mais ecológicos e humanos.

"O papel histórico da educação ambiental consiste em passar em revista as culturas e as religiões tradicionais descritas aqui para descobrir o que elas têm em comum quanto às relações humanas e sua responsabilidade face ao meio ambiente – em outros termos, os ingredientes comuns a uma ética ambiental universal. Uma atitude moral relativa ao ambiente no plano pessoal e profissional, individual e coletivo, que seja válido no mundo inteiro é, por sua vez, a hipótese e o fim deste novo grande domínio da educação, fazendo da educação ambiental o princípio e o instrumento indispensável a seu desenvolvimento" (p. 5).

Referências

Connexion – Bulletin de l'Education Relative a l'Environnement. Paris: Unesco-Pnue, v. XVI, n. 2, jun./1991.

DALAI-LAMA. *Ética para o novo milênio*. Rio de Janeiro: Sextante, 2000.

______. *Practicing wisdom*. Copenhaguen: Narayana Press, 1982.

MACY, J. & BROWN, M. *Nossa vida como Gaia*. São Paulo: Gaia, 2004.

NAGARJUNA. *Carta a um amigo*. São Paulo: Palas Athena, 1994.

PELIZZOLI, M.L. *A emergência do paradigma ecológico*. Petrópolis: Vozes, 1999.

RICOEUR, P. *Soi meme comme um l'autre*. Paris: Le Seuil, 1990.

SAMTEN, L.P. *Mandala de Lotus*. São Paulo: Peirópolis, 2006.

______. *Meditando a vida*. São Paulo: Fundação Peirópolis/Cebb, 2001.

______. *A joia dos desejos*. Porto Alegre: Feeu/Paramita, 1995.

SHANTIDEVA. *The Way of the Bodhisattva* – Translated by the Padmakara Translation Group. Boston: Shambala, 1997.

______. *La Marche vers l'Éveil*. Paris: Padmakara, 1992.

TULKU, T.R. *Madhyamika* [Disponível em www.dharmanet.org].

VARELA, F. *Mente corpórea*. Lisboa: Instituto Piaget, 2001.

______. *Sobre a competência ética*. Lisboa: Ed. 70, 1995.

6

Resolução de conflitos no contexto da ética e educação ambiental

Entrando num tema de grande importância hoje, trago ao leitor uma experiência vivida no âmbito dos cursos de formação que ministro em parceria com a ONG Amane[45]. Trata-se de tema fundamental na questão socioambiental e na vida diária, vivido em cursos que aqui chamo de "módulos" – os quais visam a mediação, o diálogo e a negociação em contexto de gestão e conflitos ambientais, portanto, em conjunção com processos de educação ambiental – concebida então para além do verdismo e do conservacionismo.

Objetivos do módulo

- Introduzir teórica e praticamente a ferramenta de medição de conflitos, a CNV (Comunicação Não violenta).
- Como consequência, promover consciência, estratégia e dinâmica participativa para lidar com pessoas, grupos e disputas em ambientes institucionais e gestão.
- Como um pano de fundo, promover uma discussão conjunta em torno da Ética e nossas motivações, desde o atual estado da crise socioambiental.

Quanto ao caráter metodológico da proposta

O módulo parte do princípio pedagógico-metodológico de que cada passo dado pelo professor e as respostas do grupo devem ser percebidos dentro de um quadro interativo entre sujeitos diferentes, onde a lógica do diálogo e o modo de lidar com o que ocorre são exemplos da prática

45. Associação para Proteção da Mata Atlântica do Nordeste [www.amane.org.br].

da compreensão e resolução de conflitos, o desafio concreto da ética. O formato em círculo, a abertura a histórias pessoais (a começar pelo professor), a música cantada em conjunto, como elemento sociopedagógico e lúdico, as ações corporais, como a representação teatral de conflitos, o estímulo ao debate a partir de temas polêmicos referidos ao ambiente de vida e trabalho, tudo isso mostra-se uma conjuntura muito fértil para trabalhar/educar. Forma-se o palco onde o participante é convidado em todo momento a tomar consciência do que acontece na interação, perceber seu modo de falar, perceber o jogo do conflito, perceber a carga emocional presente, perceber o outro, bem como aquilo que faz aumentar as possibilidades de sucesso ou fracasso na relação, na conversação ou na negociação.

Em termos metodológicos do conteúdo, cada participante recebe antecipadamente os materiais visuais e documentos escritos dentro da temática, bibliografia, áudios, vídeos, textos e livros digitais do professor, nas áreas de sustentabilidade, emoções/psicologia, outras metodologias de resolução de conflitos e cultura de paz, ética, espiritualidade etc. O professor/facilitador deve estar atento a cada momento de discussão, no sentido de corroborar não apenas o conteúdo trazido, mas a *forma*, ou seja, o modo como são estabelecidas as falas e os conflitos explícitos e implícitos no grupo, e principalmente com os exemplos e desafios trazidos do contexto de cada um.

Se fôssemos resumir as propostas de **método**, apontaríamos o seguinte: Uso do silêncio como abertura; momentos expositivo-reflexivos questionadores (em que é preciso usar muito as perguntas e não somente respostas prontas); análise de conceitos-chave envolvidos na temática e exemplos do grupo; análise de casos; teatralização; dinâmicas corporais/exercícios; músicas cantadas com violão ou com som. Fórum de síntese e fechamento com *feedback* de todos.

A acolhida

O módulo inicia com a apresentação de um vídeo onde bebês riem constantemente, e também com músicas para animar o grupo. O facilitador convida então à reflexão sobre a capacidade de leveza, ludicidade e alegria diante da vida e nos ambientes de convivência. A música cantada em conjunto tem uma função de coesão mais que racional do grupo. A acolhida é fundamental nesta proposta, pois possibilita a abertura para o trabalho com dilemas éticos, em geral de difícil acesso devido a questões pessoais e emocionais não trabalhadas. Um dos elementos importantes, depois de fazer subir a energia do grupo, é usar o silêncio meditativo, o foco na atenção no corpo/respirações e no relaxamento. Também chamamos a isto de "capacidade de fazer nada", para abrir espaço ao que está presente em termos de energia pessoal e do ambiente.

Apresentação do professor

Ainda dentro da acolhida, a apresentação do facilitador é estratégica, tomando a iniciativa de relatar um pouco de sua história, permitindo tocar em questões pessoais e emocionais, mas fundamentalmente uma história que une a luta ambiental às motivações, fracassos e sucessos, até chegar ao atual momento de luta ecológica e seus desafios. Cotejar o vivido com as questões políticas, culturais e sociais da atualidade (com o foco na dimensão ambiental ampla) é bem produtivo, a ponto de muitas vezes o grupo intervir e dar seus exemplos e opiniões dentro do momento da apresentação do facilitador. Tal apresentação tem também o caráter de quebrar a formalidade e frieza das dimensões puramente técnicas de conteúdo, e convidar a pensar e sentir os modos e dilemas humanos que estão por trás das interações e escolhas; trata-se de enfatizar o modo como a coisa é conduzida, mais que do receber informações e conteúdo.

Mais adiante o grupo será convidado, na discussão sobre dilemas éticos vividos, a pensar no que gera o conflito, não tanto as diferenças e ideias opostas, mas o modo de vivê-las, o ambiente emocional presente ou dissimulado, os jogos sistêmicos e os bloqueios herdados e recriados, e assim as possibilidades ou *incapacidades para o diálogo*.

O que diz pra você essa disciplina/proposta? Significado, importância, finalidade, tendo em vista o seu trabalho/papel

Este é o convite metodológico seguinte, ou seja, coloca-se a pergunta: até onde questões de natureza ética, relacional, conflitivas são essenciais na manutenção de qualquer trabalho coletivo, de qualquer conquista de grupo e luta social. Em geral, o retorno obtido é unânime quanto à crucialidade do tema para os ambientes humanos, e mais ainda para a vida familiar e social. Aliás, este foi um ponto forte nas avaliações dos grupos quanto à proposta vivida, o tema tocou em questões de gestão de grupos ao mesmo tempo em que remeteu à vida familiar e social das pessoas envolvidas. É aí que se percebe também as dificuldades acopladas à distância entre o ideal e o real, e a possibilidade de maior ânimo ou desânimo para a luta socioambiental.

Outro ponto metodológico que deve ser relatado é a apresentação da proposta passo a passo, do programa e dos procedimentos a serem adotados e postos em discussão. Isto dá um tom participativo, esclarecedor e construtivo do trabalho, ao que os membros podem questionar, sugerir, momento em que vão se sentir inteirados e seguros quanto ao que acontecerá. Neste tema em particular, da compreensão e da desmontagem dos conflitos, é fundamental ter a colaboração e a aprovação do grupo, bem como uma boa introdução à proposta, devido às resistências internas sempre presentes. O passo a passo é útil nestes aspectos, pedindo licença e colaboração para tal. Quando o facilitador sabe criar um clima que propicia o surgimento dos fenômenos latentes, tanto do debate das diferenças quanto de um espaço para expressão das insatisfações, mágoas, relações humanas no trabalho etc., dimensões de maior intimidade por trás da vida dos grupos, abre-se então portas para a mediação e para a resolução. O professor é um facilitador, e não o resolvedor. Esta foi a experiência vivida nos cursos da Amane no Nordeste, onde as questões desta natureza foram prementes, pois trabalhamos com instituições governamentais, ONGs, movimentos sociais e comunidade organizada, grupos que conflituam internamente e externamente.

Discussão sobre Ética

• O que mais nos incomoda/inquieta nas tuas vivências, no aspecto da (falta) ética no encontro com a questão ambiental?

Esta foi a pergunta que se seguiu à apresentação inicial. O que nos incomoda e toca não é somente aquilo que racionalmente pensamos sobre o assunto, mas o que refletimos e criticamos devido ao fato de que fere valores pessoais, sociais e ambientais. Na lousa, elencamos então o que significa Ética para cada um (disso, de cada resposta, decorrem outras questões latentes). Este levantamento tem a função não tanto de adotar um conceito de ética teórico-abstrato e de cima para baixo, mas simplesmente incitar à discussão e perceber o quanto de dilemas e conflitos morais surgem numa discussão, bem como quantas visões diferentes aparecem. Ou seja, são diferentes mundos em jogo, são muitos horizontes culturais e contextos familiares e sociais, além de psicológicos, que se esbatem. É preciso então buscar ao fundo os *valores* fundamentais que orientam as vidas das pessoas, e que no fundo são quase os mesmos, tais como amizade, respeito, afetividade, transparência etc.

Qual o papel do exemplo prático na questão ética? Como está a relação (ou dicotomia) entre a ética enquanto teórica (discurso) e a vida prática, entre os valores elencados pelo grupo e o que ocorre na prática? Por que é tão grande esta dicotomia entre discurso ambiental e vida real, institucional? Há uma ética universal, para todos? Ela é inata ou adquirida? É dada de forma genética? Como perceber a dicotomia certo x errado, enquanto luta entre meu gueto e o teu, o *bem x mal*? Ética é apenas moral? Por que alguém deve ser ético? Como perceber o mal que projetamos no outro como nossa *sombra*? Aqui tocamos numa questão delicada da ética e dos conflitos, que é o mecanismo psicossocial da projeção, unida ao moralismo unilateral que encontra no outro, no diferente, no excluído, no rebelde, no que sofre preconceito, a origem de todo mal. O grupo é levado a perceber como está arraigado a noções conservadoras de moral, calcadas em modelos religiosos que separam absolutamente o bem do mal, Deus e o diabo. E ver como isso se coloca nas concepções de família e grupo que se protegem contra os outros, contra o estranho.

A dinâmica espelho-sombra – O bode expiatório e a ovelha negra

Para fazer perceber melhor o problema acima, confrontando-se com sua Sombra – os próprios defeitos/medos/desejos projetados fora – criamos um pequeno exercício. Este é uma dinâmica rápida onde pedimos ao participante para escreverem numa folha 3 ou 4 características negativas que o incomodam muito no comportamento de outra pessoa. Isto feito, as pessoas são convidadas a relatarem as coisas negativas que lhes transtornam no modo de ser de outra pessoa ou grupo. Ao que o facilitador vai até cada uma e cumprimenta-a apertando sua mão e dizendo "prazer em lhe conhecer melhor". É um procedimento de surpresa e uma pequena confissão em grupo dos defeitos possivelmente escondidos e projetados.

Segundo C.G. Jung, mas também Nietzsche, os comportamentos de outrem que irritam por demais ou tiram alguém fora do sério têm duas implicações: a primeira, a própria pessoa tem aquela característica negativa, mas a exerce em outro nível, em outra pessoa, de forma mitigada ou implícita; a segunda, a pessoa é tocada por aquele comportamento porque no fundo gostaria de fazer algo daquele tipo, ter algo daquela energia. Por exemplo: alguém muito tímido ficará incomodado com pessoas que parecem espalhafatosas ou desinibidas.

Tal dinâmica é novamente um convite à reflexão sobre como acusamos os outros daquilo que temos ou que já fizemos, e como é difícil entender os outros, bem como a necessidade de buscar entrar um pouco em seu mundo para relacionar-se.

Trazemos neste momento a figura do bode expiatório, mostrando o caráter sacrificial dos grupos, que quase sempre criam bodes para serem sacrificados (humilhados, culpados, tornados rebeldes, pano de fundo de fracassos, mágoas e neuroses dos grupos). Os grupos criam também ovelhas negras, indivíduos que são perseguidos e expulsos, ou que se colocam em função mesmo de rebeldia quanto à ordem estabelecida e posições do grupo.

Estes são elementos que propiciam significativas tomadas de consciência de como funcionamos como indivíduo dentro de um grupo e deste em relação a indivíduos isolados e a outros grupos.

Representação/dramatização de conflitos

Um dos pontos altos deste módulo é a representação teatral de situações de conflito trazidas pelo grupo. Sempre em círculo, traz-se a disposição de personagens na forma de confronto entre partes, que por afinidade se aproximam em grupos diferentes em disputa. Cada um é orientado a defender completamente o papel assumido. Em geral, usamos a seguinte configuração inicial: o papel de um usineiro, empresário do ramo da cana, que inicia falando da importância social e econômica de seu trabalho para a sociedade, para o progresso da cidade e do país. Diante dele colocamos em geral uma ecologista que defende a questão ambiental em áreas afetadas correlatas aos usineiros. Estimula-se o diálogo livre, mas dentro do que a função do personagem exigiria. Ao lado do usineiro colocamos um trabalhador, como que um "capataz de fazenda", que tem sua família toda dependente daquele trabalho, e que tem a função de defender o patrão a todo custo. Ao lado ainda do usineiro, o prefeito da cidade em que está a usina, defendendo os empregos, os impostos e a dependência da cidade do "progresso". São três homens (autoridades) ou mais contra uma ecologista. O facilitador passa por um momento a dramatização para mostrar que a questão ecológica se põe energeticamente mais ou menos deste modo: o princípio do feminino, do novo, do alternativo, contra o principio do masculino (Yin x Yang), da tradição do patriarcado, do desbravador (empresário...). Lutar ecologicamente é lutar também contra o estabelecido, contra uma tradição que se conserva e é presente na "mente" de todos.

Em determinado momento, é chamado um representante da ONG ou outro ecologista para ajudar a ecologista solitária. Em outro, é chamado um representante dos Sem-terra para marcar a questão social em conexão com a ambiental, e acirrar o confronto de interesses e classes no debate. Em geral, a essa altura temos uma dramatização que "esquenta", onde os personagens se animam e vão perdendo o medo inicial. Em seguida, um representante do Ibama ou de secretarias ambientais locais é chamado a participar. Ele se vê numa posição intermediária ou ambígua, pois ao mesmo tempo ele fica do lado do governo e do prefeito (e, portanto, do empresário), mas também pode estar do lado da defesa da Unidade de Conservação e do entorno ambiental. Numa outra variação, é colocada a comunidade do entorno e sua relação com a UC, os conflitos surgidos na figura de um policial ambiental em conflito com comunidade de caçadores ou coletores na floresta. O objetivo é sempre trazer à tona, encarnadamente, os conflitos vigentes, e ao mesmo tempo observar o conteúdo em disputa, e ainda mais a forma como é conduzida a fala, a energia para a disputa, o tipo de palavras, as expressões do corpo, e as emoções surgidas. O modo como ocorre a comunicação e as relações é crucial para entender o fracasso da negociação, da mediação e das relações em geral. Uma outra variação é trazer conflitos internos dos grupos presentes (Ibama, ONGs, movimentos sociais e ONGs). Por vezes, pode-se – desde que capacitado para tal – colocar elementos de constelações sistêmicas para trazer o sentido de dramas ocultos ou não falados nos grupos e na própria luta social e ambiental (o livro *Nossa vida como Gaia*, de J. Macy, é uma excelente referência para tal, unindo teoria e prática – vivências de ecopsicologia). Outro personagem frequente é um consumidor jovem urbano, que "não está nem aí" para questões sociais e ambientais, que não defende nada nem ninguém, apenas o seu consumo e prazer. É interessante perceber como ele se coloca ao mesmo tempo na dependência do sistema de produção e consumo e incide diretamente na problemática ambiental; aparece também o fato de que devemos seguir na luta ambiental para além de se preocupar se muitas pessoas ou grupos nos acham estranhos, radicais ou não se importam com a destruição do planeta e das comunidades. Uma variante é colocar então um jovem desanimado com tudo, niilista, para retratar talvez o que muitos sentem ou temem.

Um dos pontos altos da dinâmica é a *troca de papéis*. O usineiro passa, opostamente, a ser a ecologista e vice-versa. Todos trocam; e é surpreendente ver certas dificuldades na encarnação do novo papel, ao mesmo tempo em que revela mais uma vez que nos arraigamos a papéis determinados. O teatro imita a vida. Os alunos são estimulados a pensarem em como se congelam não somente durante 30 ou 40 minutos numa identidade aferrada, mas 30 ou 40 anos, seguindo uma vida de conflitos pela não flexibilidade e não compreensão do Outro, do diferente.

Um dos desfechos frequentes da dinâmica propõe colocar a natureza (no sentido naturalizante), no centro do drama, perguntando a ela como se sente ou a sua percepção quando olha para cada um dos personagens e suas funções e ações. Ao lado da floresta colocamos representantes das comunidades tradicionais (indígena, negra...) numa conjunção para indicar a imbricação homem-natureza, para além do verdismo e romantismo conservacionista, e fazer sentir o peso daquilo que vem antes de nós no tempo, na opção preferencial pelo socioambiental, no sentido das populações tradicionais em conjunção com seus ambientes, a sustentabilidade. Por fim, todos os membros se unem numa roda de abraço no centro, ao que o facilitador conduz palavras de fechamento do tema e do barco em comum e ameaçado em que todos estamos, independentemente de credo, posição social ou política e institucional.

São vários *conflitos* em jogo visualizados e encarnados nesta dinâmica: poderes hierarquizados, atritos políticos; os limites da Reserva ambiental *versus* pessoas da comunidade que invadem. Pessoas da comunidade do entorno jogando lixo e tirando recursos, contra o policiamento ("zona de amortecimento **social**"). Os pescadores dentro do Mangue em área de proteção. Pessoas dentro da unidade encontradas pelos guardas, como proceder? A questão da necessidade de sobrevivência em meio aos recursos naturais; plantar cultivos *versus* preservar. Animais domésticos mortos na UC com arma (que diferença moral há entre a vida de um animal selvagem e um doméstico?). Como a pessoa se sente? O impacto do significante "Ibama" para o empresário, para a comunidade, para o sem-terra. O papel do poder político local; as incapacidades de ação. Os pleitos não escutados e o que mais aparecer em cada local.

Tal representação, como ponto alto do módulo, encontra seu sentido ao ser esmiuçada e refletida fundamentalmente a partir da visualização de como (modo) ocorre o conflito, motivações e interesses por trás, necessidade de lidar com a diferença e desníveis e disputas de empoderamento. Como fracassamos ou temos sucesso na conversação/negociação. É daí que trazemos dois pontos-chave para a *capacidade de diálogo e inteligência emocional* ou comunicacional: a Escuta (e presença real) e a capacidade de Pergunta/troca (o sentido da palavra Dia em Dia-logo, fluxo de palavras explicitando o sentido de cada falante que busca fazer entender-se, tendo que para isto entender o outro, e assim buscar entendimento comum no tema ou litígio).

Os alunos que ficaram de fora da roda são convidados a falarem primeiro, dizendo o que viram acontecer e como aconteceu, e como fariam; quais ações aumentavam os conflitos ou diminuíam; como os falantes se comportavam; quais as interações de poder etc. Depois disso, os próprios personagens são convidados a falarem suas impressões, de si mesmos, dos outros e do modo como ocorrem as disputas.

Apresentação da Comunicação Não violenta

Dinâmica: rememorar o conflito vivido

Antes de entrar na metodologia de mediação proposta (CNV), o grupo é convidado a uma visualização que servirá para discussão mais real do processo a partir de três níveis: do corpo (expressões, alterações, inquietudes, ações violentas ou não, energia vigente, sorriso, abraço etc.); da fala (qualidade das falas, ofensas ou não, ironias, boicotes, gritos, indiferença, acidez, agressão etc.); e por fim das emoções (raiva, medo, tristeza, frustração, alegria, indiferença etc.). Primeiro uma negativa, depois uma positiva. O sentido de tal prática é fazer perceber que no fundo sabemos o porquê de fracassarmos, ou por que temos sucesso no confronto.

a) *Negativo*: Imagine uma conversa muito ruim que você teve, e que o diálogo fracassou fortemente. Que sentimentos são evocados daquele momento? Como era o tom da voz? Lembra do tipo de palavras ou expressão? O que marcou? O que você tentou fazer?

b) *Positivo*: Como foi? Por que deu certo? O que você sentiu e partilhou? Que tipo de palavras foi usado? Como você ficou depois? E o consenso como foi buscado?

Neste processo, as pessoas vão relatando, e o facilitador tem tarefa fundamental, pois vai levantando mais perguntas a cada vez, mostrando por que há fracasso ou sucesso no diálogo e comunicação. Um monitor anota no quadro ou apresentação de *slides* os elementos trazidos pelo grupo. Nisso, vai também citando outros casos e mostrando teorias que criam estratégias para o sucesso na mediação, negociação, conciliação, ou restauração de danos inter-humanos.

Trazendo a teoria (CNV) (quadro-resumo)

Vamos resumir o esquema metodológico da CNV no quadro abaixo[46].

Como se pode usar o modelo CNV

Expressando *honestamente* como **eu** estou, sem queixa ou crítica	Acolhendo *com empatia* como **o outro** está, sem queixa ou crítica
Observações	
1) Expressando *honestamente* a ação concreta que **eu** estou observando (vendo, ouvindo, lembrando, imaginando) que está contribuindo ou não para meu bem-estar.	1) Acolhendo *com empatia* a ação concreta que **o outro** está observando (vendo, ouvindo, lembrando, imaginando) que está contribuindo ou não para o bem-estar dele.
Na prática: • dizer o que observo, sem julgar, sem fazer inferências, sem relacionar com outra situação; • não generalizar; • usar sempre EU.	Na prática: • ouvir atentamente sem julgar, sem fazer inferências, sem relacionar com outra situação; • aclarar por meio de perguntas, pontos que não compreendeu bem.

46. Cf. explicações sobre isso em Pelizzoli, 2012.

Sentimentos

2) Expressando *honestamente* como **eu** estou me sentindo com relação ao que observo	2) Acolhendo *com empatia* como **o outro** está se sentindo com relação ao que observa
Na prática: • usar a expressão "eu me sinto..."; • relacionar meu sentimento às minhas próprias expectativas e não à ação do outro.	Na prática: • usar a expressão "você se sente..."; • ajudar a relacionar o sentimento do outro às expectativas dele e não à minha ação.

Necessidades

3) Expressando *honestamente* a energia vital na forma de necessidades, valores, desejos, expectativas ou pensamentos que estão criando meus sentimentos	3) Acolhendo *com empatia* a energia vital na forma de necessidades, valores, desejos, expectativas ou pensamentos que estão criando os sentimentos do outro
Na prática: • nomear com clareza minhas próprias necessidades, sentimentos, valores, expectativas etc.	Na prática: • confirmar com o outro sua verdadeira necessidade, sentimento, valores, expectativas etc.

Demandas

4) Expressando *honestamente*, sem imposição, o que **eu** gostaria de receber do outro que melhoraria a minha vida	4) Acolhendo *com empatia* sem inferir imposição, o que **o outro** gostaria de receber de mim que melhoraria a sua vida
Na prática: • usar palavras, expressões e gestual de *solicitação*, nunca de comando, coação ou imposição (eu gostaria que; você poderia...).	Na prática: • acolher com interesse e confirmar a *solicitação* (você gostaria que eu...; você está me pedindo para...).

Fonte: Rosenberg, 2006

Cremos, baseados na experiência e na teoria criada por Marshall Rosenberg, ser esta a mais bem-elaborada ferramenta para resolução de conflitos, ou para evitar danos. Não é uma simples técnica de vencer em debates ou seduzir e convencer, como em processos de disputa comercial por exemplo, mas uma prática conectada com as expectativas relacionais, profissionais (grupo) e emocionais que as pessoas têm na experiência de vida social. A CNV acessa necessidades humanas básicas para as pessoas e grupos, demonstrando que, se desconhecermos pressupostos sociais relacionais básicos por trás das interações, jamais entenderemos os fracassos, brigas, boicotes, relações minadas e violências em geral, bem como o modo de evitá-los ou ao menos diminuí-los.

A CNV parte do princípio de que, mesmo que não possamos ceder em algum conteúdo ou coisa disputada, podemos proporcionar ao outro, ao interlocutor, uma exposição adequada, respeitosa e dialogal de sua posição e de sua pessoa, que sempre está em jogo num conflito. É fundamental compreender as necessidades em jogo, e como em cada frase podemos criar obstáculos no fluxo da interação.

A apresentação teórica da CNV, contudo, não pode ser apenas colocação da teoria, mas a cada momento é necessário puxar exemplos vividos no grupo ou na dramatização ou de casos trazidos pelo professor e pelo grupo, para que a reflexão teórica se encaixe em cada caso e prática (para maiores informações vide *Comunicação não violenta*, M. Rosenberg – Ed. Ágora, 2006).

Referências

MACY, J. & BROWN, M. *Nossa vida como Gaia*. São Paulo: Gaia, 2005.

PELIZZOLI, M. *Homo ecologicus*. Caxias do Sul: Edcus, 2011.

PELIZZOLI, M. (org.). *Diálogo, mediação e práticas restaurativas*. Recife: Ufpe, 2012.

______. *Cultura de paz*. Recife: Ufpe, 2010.

PRANIS, K. *Processos circulares*. São Paulo: Palas Athena, 2011.

ROSENBERG, M. *Comunicação não violenta*. São Paulo: Ágora, 2006.

7

A metafísica do lixo e a busca de ações ambientais*

Que sociedade é essa, que gera tanto lixo?

O chamado *lixo*, que se refere aos resíduos dos humanos, sempre existiu e quase sempre lidou-se de algum modo sustentável com ele. Mas nas sociedades modernas ele mostra-se como o elemento recalcado e ao mesmo tempo revelador do drama da humanidade pautada no progresso material. O drama da pobreza, por exemplo, revelado nos resíduos da subnutrição, vestígios da falta de uma série de vitaminas; o drama da riqueza e da lambança, com seus resíduos imensos e impactantes; o drama da autodestruição da saúde, e em especial os resíduos químicos de toda ordem. Tudo isso revela o drama da busca estonteante por sentido, por prazer, em objetos que se avolumam e se descartam (pois o Desejo não tem fim). Há uma angústia gritante revelada no lixo, na sua mistura tóxica, no seu esquecimento. O *lixo é a nossa sombra materializada* – e pessoas tornam-se também um pouco lixo. O lixo está na lógica da *exclusão* que adotamos. E como tudo o que é recalcado, ele retorna de modo sub-reptício em nossa água (o cocô que fazemos vai para a água que usamos; assim como os inseticidas, os produtos de limpeza e higiene, medicamentos etc. e voltam para nosso corpo), em partículas no ar, em elementos dentro do leite, da carne, e alimentos, em especial artificializados. No lixo da classe média e alta, principalmente da classe alta em que o volume de resíduos chega a ser dez vezes maior do que da classe popular, está revelada a monstruosidade, a autodestrutividade de um modelo de vida. Há, ali, uma noção de ser humano embutida. O que os seres huma-

---

* Este texto começa com uma entrevista feita para o *Jornal Mundo Jovem*, n. 397, de junho de 2009, intitulada "Como gerar menos lixo e salvar a Terra", e que aqui foi aumentada e modificada.

nos querem? O que estão buscando? O lixo é muito revelador disso. O consumo de coisas está aumentando consideravelmente e as pessoas ainda não estão felizes. E ele mostra também para onde tudo o que foi consumido vai, inclusive o próprio consumidor, que será devorado pelo sistema criado e por fim pelos vermes.

Poderia ser diferente?

Fazer diferente exige rever o sentido que damos à nossa vida, e aquilo que alimenta nossa existência, nada menos que isso. Bem, aí eu apelaria ao Dalai-Lama que em seu livro *Uma ética para o novo milênio* diz que o problema básico está ligado ao consumismo. Mas por que ao consumismo? Porque o consumismo está ligado ao modo como as pessoas buscam escapar do sofrimento, e buscam a felicidade. Isso Aristóteles também dizia: "Todo o homem busca a felicidade". Porém, como busca? Apostando num tipo de desejo: que o desejo existencial de sentido à sua vida seja realizado com *objetos*. E aí, como perceberemos, os objetos de fato não realizam o que é buscado; você precisará de um, dois, muitos objetos, coloridos, de todo tipo, com mais sensações. Produz-se um vício da sensação imediata, ligada à gratificação superficial e à sensação de poder. E aí está o motor do capitalismo. Fazer diferente seria buscar ir às raízes, à condição existencial do humano. Como se pode cultivar dimensões de felicidade, de emoções positivas, formas de organização social, que tragam mais realização pessoal e coletiva, formas positivas de prazer, de viver a natureza e a vida comunitária, para que não se precise apelar tanto a uma completude objetal (termo usado na Psicanálise). Quando a mentalidade da exclusão do outro, dos seres selvagens, dos insetos e bichos, a exclusão do doente, do estranho, do sujo, quando essa emoção-imagem acabar, integraremos melhor e de modo mais natural o lixo, que é parte de nós.

E a reciclagem do lixo?

Quando se fala em lixo é preciso retomar o que muitos chamam de quatro erres. O primeiro erre (R) é *Repensar*. E eu acrescentaria junto com o repensar uma dimensão mais importante ainda, que é *Ressensibilizar*, sensibilizar as pessoas, tocá-las afetivamente. A questão ecológica não é a questão verde, não é um ramo da Biologia. Esse repensar e ressensibilizar são o primeiro ponto, a raiz da questão. Depois vem a *Redução*, o fator prático fundamental e urgente; precisamos, como dizia o grande economista Georgescu-Roegen, decrescer a economia material capitalista, e fazer crescer a sustentabilidade e organizações sociais. Depois vem o *Reaproveitamento*, que deveria ser lei em todos os casos, evitando ao máximo os descartáveis e exigindo de empresas e consumidores que prestem conta de seus resíduos. Não deveria haver copos, latas, e vários outros utensílios descartáveis, a não ser em exceções ou com materiais rapidamente biodegradáveis, ou papel reciclado. Por último, vem a *Reciclagem*, como um último recurso, que inclusive em muitos casos não compensa. O nome "lixo" é um reducionismo para uma gama de materiais e objetos diferentes. Apenas na esfera do plástico, por exemplo, há dezenas de fórmulas e possibilidades. O que é preciso alertar é que a reciclagem tem limites; depois de algumas vezes, muitos materiais já não suportam ser reciclados. O grande desafio é o que fazer com uma gama cada vez maior de equipamentos, baterias, pilhas, lixo eletrônico impactante. É preciso saber claramente que, quando compramos isso, estamos deixando a conta maior para nossos filhos e netos. O problema não são as montanhas de lixo apenas, mas tudo o que está implicado nele enquanto consumo, poluição e exclusão social: dramas humanos por excelência. O filme *Estamira* mostra bem isto. Outro problema é como o lixo está dentro do nosso sangue. Novamente lembro o exemplo do cocô, medicamentos e resíduos químicos na água. Essa mesma água é a que se use e até bebe. Então, o lixo que a gente produz, está no nosso sangue. Ele vai para a terra, para o leite, para a carne (para os que comem animais). Ele é reprocessado, mas sempre sobra um tipo de molécula e resíduos químicos que voltam. Esse é o problema, de igual modo, do plástico. Há um dado muito interessante, apurado no início dos anos de 2000, que mostra que o homem europeu das capitais, nos últimos 40 anos, diminuiu de 20% até 50% sua produção de espermatozoides, basicamente por causa dos resíduos de plástico e de agrotóxicos (uso de micro-ondas, líquidos quentes em plásticos, lixiviação de plásticos na cozinha, em embalagens, garrafas etc.).

Como você vê a estrutura e a gestão da coleta seletiva e da reciclagem no Brasil?

A administração pública estará sempre com "ferro em brasa" nas mãos enquanto não se implementar modelos de cidades sustentáveis, retorno a produções e comercialização locais e modelo de otimização de recursos.

Reciclagem no Brasil basicamente depende das formiguinhas salvadoras, que são os catadores, as associações que tiram disso o seu sustento. Muitas pessoas não têm ideia de quão importante é esse trabalho, e da importância de observar o que elas jogam e como jogam (sujo ou limpo) fora seus resíduos. Tal como Freud denunciou o recalque das nossas sobras e sombras no inconsciente, a ecologia denuncia e faz de novo responsável o consumidor. O lixo é nossa parte, faz parte dos alimentos e materiais, de nosso corpo maior. Deve ser integrado e não negado, esquecido, misturado. O ápice da dicotomia é o lixo atômico. Todo lixo é natureza – o problema é que alguns demoram milhares de anos para se incorporarem novamente de modo equilibrado. É muito importante que a sociedade se dê conta disso. Primeiro, é preciso reduzir a quantidade de produção de lixo. Segundo, é preciso reutilizar, separar, reciclar... Não custa lavar os plásticos, vidros, antes de colocar para a reciclagem. Mesmo a reciclagem, que vem depois da diminuição da produção de lixo, já contribui para a redução do aquecimento global, por exemplo, pois tudo está interconectado.

Qual o papel da juventude para uma sociedade que gere menos lixo?

A energia da juventude revela a própria insatisfação como sintoma deste modelo em crise na atualidade. Porque os desafios que pesam sobre a juventude, sobre as crianças que vão ter que lidar mais adiante com isso, são enormes. O peso, a dívida que está sendo deixada, é enorme. A juventude sempre teve esse papel de lançar gritos de alerta, de se rebelar contra situações de opressão silenciosa ou não. Aliás, a juventude está se rebelando o tempo inteiro, mas muitas vezes de forma negativa, com descontentamento geral, com uso de drogas e revoltas de violência. A crise social é grande, e não apenas a crise econômica. E a juventude é a que mais sente esses problemas. Acho importante aproveitar essa energia, essa garra da juventude, e canalizar, aplicar onde deve ser aplicada, ao boicote às grandes corporações, ao poder ser diferente e não sentir-se excluído, a organizar redes de ações, a tomar as ruas, a fazer arte e engajamento, a construir pontes e criar ambientes, ou a saber não fazer nada e não precisar consumir sempre – mas cultivar uma vida simples e mais natural. Aposto em ressensibilização, retomada de consciência, criar novas formas de organização em grupo, de participação política, mas, fundamentalmente, tentar boicotar essa situação e criar uma nova configuração para a sociedade, já que os jovens e crianças são os que mais sofrem dentro dessa dimensão de inquietude e pressão.

Que ações individuais e coletivas podem contribuir para uma menor produção de lixo?

A organização social em condomínios ecológicos, ecovilas, comunidades rurais alternativas; a valorização das culturas locais e a descentralização dos recursos/atividades; a formação de modos cooperativados de consumo, de empreendimentos. Entrar na política e eleger candidatos seus, comprometidos com projetos sustentáveis. Diminuir ou zerar o consumo de carne. Reciclar o lixo orgânico. Meu lixo orgânico, por exemplo, volta todo para a natureza, numa composteira no fundo de casa, ou minhocário; mas isto é feito também em apartamentos. Em três meses ele vira adubo. Ao optar por produtos orgânicos e ecológicos, diminui a poluição ambiental, valorizam-se as produções familiares e locais, diminuem problemas de trânsito e, principalmente, o aquecimento global. Não se tem todos os cálculos certos ainda sobre mudanças em sustentabilidade, mas quando chegarmos a uns 40% das pessoas adotando isso, a maior mudança civilizatória estará acontecendo. Existem também as ações individuais, no sentido de ressensibilização para a questão. Se os pais se derem conta, ao olhar nos olhos de seus filhos, do que está acontecendo hoje, e como será daqui a 10, 20, 30 ou 40 anos, com este nível de poluição que está sendo lançado hoje, começará a se motivar, diminuir o uso de plásticos, diminuir os descartáveis, a se preocupar mais com a política num sentido pleno da palavra, até chegar à reciclagem, que é a última ponta da questão. Quem não separa seu lixo em casa, quem desperdiça, quem consome demais, está cometendo violência contra a sociedade toda.

Educação ambiental: uma alternativa?

A educação ambiental é uma alternativa que algumas vezes parece não ter efeito. Isso acontece porque muita gente entende educação ambiental como verdismo, simplesmente passear em parques, visitar animais, promover e/ou participar de campanhas de separação de lixo. Mas isso é superficial. Isso é uma forma de separar a natureza em sua dimensão natural da sua dimensão interna. É como separar o mundo externo do mundo da sua própria casa, ou da instituição da escola. Então, educação ambiental verdadeira seria a ressensibilização, a tomada de consciência existencial, de como podem ser criados modos de ser, modos de vida, com o cultivo das emoções positivas, dos valores, da vida simples, do que a nossa tradição herdou. Essas tradições, em boa parte, eram sustentáveis em termos de alimentação e de medicação natural mais do que hoje. Por exemplo, o que os índios nos legaram são saberes incontáveis e profundos. Contudo, tomamos um rumo chamado *progresso* material que nos levou a essa situação de crise e "caoti-cidade". A educação tem que ser pensada em três níveis. Educação não é o mesmo que informação. A informação é apenas um ponto básico, mas não é o principal. A nossa educação às vezes é muito informativa, racionalista e técnica. Mas não ensina o indivíduo a viver, resgatar suas tradições, ser afetivo, expressar suas dores e alegrias, conectar-se com o ambiente local. O outro nível é a educação como tomada de consciência. E aí vem a dimensão crítica, política, social e sensível, que é afetividade, uma educação estética. Se não for assim, não funciona bem. Estética aqui é no sentido da sensibilidade, da beleza. Depois vem o terceiro nível: a ação. Eu preciso da informação, da sensibilização, da consciência para chegar ao mesmo nível de ação. A educação ambiental deve focar o que as pessoas sentem, nos grupos, no encontro com o outro, consciência e autoconsciência. E destas com o que se chama meio natural. É essencialmente uma questão existencial e social, não natural, não biológica apenas. É uma percepção ampla que toca o sentido que o universo nos permite em cada momento, em cada situação: de dor ou de amor, como lidamos com a vida e sua ordem, suas leis. Na sua excelente obra vivencial, *Nossa vida como Gaia*, J. Macy reflete que uma educação vista apenas como reprodução técnica e racional produz uma sociedade de robotizados e de desenraizados do meio natural e dos saberes tradicionais, sustentáveis, locais. Por isso, o segundo nível deve ser a consciência crítica e a sensibilidade, para então contemplar o terceiro: o agir local para melhorar. Isso inclui uma educação relacional, emocional, afetiva, de valores. Isto é, integrar-se ao ambiente como um todo. A conexão com o ambiente vai junto com a conexão com nossa psique, com medos, dores, alegrias e amores.

Algumas proposições inspiradas no Fórum das ONGs (RIO 92) dentro do tema

- Propor trabalho conjunto dos movimentos de emancipação social/ambiental, fazendo frente às Corporações que mantêm o *status quo*.

• A satisfação das necessidades básicas e da qualidade de vida depende mais do desenvolvimento e afirmação das relações sociais, culturais, criativas, comunitárias, do que o crescimento do consumo de bens.

• Reforço das economias locais, descentralizadas, autossuficientes, sustentáveis, brandas, com vocação econômica do local, gestão ambiental, segurança alimentar, identidades culturais. Interesses da comunidade acima dos da grande empresa.

• Participação maior e ativa das mulheres nos níveis de elaboração, planejamento e implementação de políticas.

• Resgate das sabedorias dos povos indígenas e outros povos tradicionais.

• Prioridade de combate ao padrão dos superconsumistas antes que crítica ao impacto dos pobres.

• A tecnologia deve ser compartilhada, sem patenteamentos perniciosos que ferem o interesse dos menos "desenvolvidos".

• Compromisso massivo na educação; novos conhecimentos ecológicos, valores e aptidões dos vários elementos da sociedade. Valores espirituais abertos reforçados. Simplicidade de vida, abnegação, respeito pelas formas de vida. Processo de divulgação massiva e tomada de consciência da situação socioambiental e das alternativas locais, redes de conscientização e ação, educação ambiental em todos os níveis. Integração de povos na construção de um projeto, perspectiva e luta comum.

• Forjar nossos próprios instrumentos e processos na redefinição do sentido e rumo do progresso humano, transformando assim as *instituições*, para que respondam às nossas autênticas necessidades.

Compromissos:

• Atuar nas comunidades locais reforçando as identidades, partilhando na construção de economias alternativas (medicina natural, agricultura ecológica, expressões do folclore e cultura, religiosidade, valores regionais naturais...).

• Criação de movimentos populares, com pesquisa, integração e ação efetiva.

• Combate à transferência de tecnologias industriais obsoletas e projetos agroexportadores que implicam custos sociais e ambientais elevados.

• Redução dos gastos militares.

Compromissos ainda mais próximos de nós[47]**:**

• Fazer valer o código do consumidor; boicotar monopólios.

• Fazer valer os direitos humanos onde quer que haja violação.

• Conhecer os conselhos que funcionam na sua cidade.

• Levantar sempre as questões socioambientais para reflexão e proposição de pequenos projetos e práticas na Educação.

• Perceber a necessidade de uma ética do *vivere parvo*, simplicidade.

• Conhecer as leis de proteção social e leis ambientais existentes.

• Pressionar os poderes institucionais e políticos a cumprirem as leis ambientais existentes e políticas públicas justas.

• Conhecer e participar das ONGs. Criar ONGs e grupos se preciso.

• Participar e fortalecer as casas, entrepostos e cooperativas naturalistas e ecológicas.

• Combater os valores do consumismo, usando produtos alternativos em geral, caseiros, integrais.

• Implementação de ciclovias e de transporte público e alternativo. Uso racional do automóvel.

• Racionalizar todo tipo de energia.

• Campanhas de reutilização e de reciclagem de resíduos urbanos e repúdio aos descartáveis.

• Hortas e pomares caseiros.

• Alimentação natural e Terapias alternativas (cf. www.curadores.com.br).

• Uso do papel reciclado ou não branqueado.

• Participação política em nível local, acompanhando trabalho de parlamentares.

---

47. Cf. minhas obras *A emergência do paradigma ecológico* (Editora Vozes, 1999) e *Homo ecologicus* (Editora da UCS, 2011).

- Não usar produtos de empresas que desrespeitam o meio ambiente e os pobres.
- Cultivar espiritualidade que inclua o respeito para com os seres.
- Educação liga-se sempre à educação ambiental.
- Boicotar os produtos transgênicos na alimentação (cf. a lista em www.greenpeace.org.br).

Veja que, no fundo de tudo isso, *trata-se do enraizamento de uma nova ética*, não mais do mero discurso, não mais da maquiagem verde e do interesse elitista, mas do *sentido profundo*, urgente e maravilhoso da harmonia com a Vida.

8

Algumas dinâmicas sistêmicas para a educação ambiental*

Nome da prática I: Representação de conflitos ambientais

Objetivo: Conscientizar e corporificar conflitos socioambientais que obstaculizam a sustentabilidade e a conservação da biodiversidade; do mesmo modo, dar-se conta do caráter complexo e, portanto, transdisciplinar dos problemas ambientais/sociais.

Tempo: 25 a 40 minutos, a critério do facilitador e do tamanho da representação, bem como do tempo dado à discussão teórica posterior.

Quantidade de pessoas: 6 a 12 diretos na representação, e dezenas de espectadores do lado de fora.

Material necessário: Jardim, quadra ou sala com espaço livre, pessoas, facilitador razoavelmente aberto para conduzir uma representação de teatro espontâneo pautada em papéis pré-traçados no momento.

Descrição:

O facilitador anuncia que vai conduzir um teatro do espontâneo, onde não se tem a necessidade de um saber prévio nem estudo de falas ou papéis. Anuncia o tema: conflitos humanos no contexto ambiental, no entorno de Unidades de Conservação por exemplo. Coloca inicialmente dois papéis: um produtor rural (canavieiro) em frente a uma menina ecologista; ao lado dele põe o seu empregado fiel (capataz); do outro lado dele o prefeito da cidade. Do lado oposto, contrário e em frente ao do produtor, fica a ecologista que defende a conservação da natureza, inicialmente sozinha. Com o decorrer das falas, irá colocar ao lado dela

* Criei tais práticas a partir de experiências em educação ambiental com diversos grupos durante muitos anos. Apresento aqui descrições breves das mesmas.

um representante dos Sem-terra; e no outro quadrante coloca o representante do Ibama e/ou da Unidade de Conservação, e se for o caso, ao lado deste, mas próximo ao produtor, um representante do Governo Estadual ou Federal na área ambiental. No quadrante oposto a este, o quarto, coloca representante da comunidade de entorno a UC, em oposição ao Ibama e Governo. É importante observar que a cada colocação, o facilitador deve estimular o representante a tomar a sério o papel e defendê-lo fielmente, como se encarnasse a necessidade daquele setor. Por exemplo, quando coloca o produtor e seu empregado, e do outro lado o ecologista (preferencialmente deve ser uma mulher jovem), dá instruções a ele que diga da importância para a região e para o progresso, para os empregos, para o uso do álcool e do açúcar, que ele exista e produza. O prefeito, ao lado do produtor, falará da importância da empresa rural e do progresso e impostos para a cidade. O empregado defenderá os empregos. Deve-se desnivelar entre homens contra a pequena garota ecologista, justamente para demonstrar o desnível da luta ecológica contra o poder instituído, as tradições conservadoras e gerar um debate também em termos de gênero: a ecologia, energeticamente, é mais feminina do que masculina; e que quando estamos sós na luta, perde-se força. Somente depois do peso das falas pró-canavieiro, que se deve introduzir papeis de apoio (sem terra, professor etc.) à ecologista. Deve-se estimular o debate livre entre os participantes, como propõe o Teatro do Oprimido por exemplo (cf. obras de Augusto Boal). A cada papel introduzido, deve-se estimular o mesmo a falar da sua importância (fale no ouvido de cada personagem qual tipo de papel ele deve defender). Pode-se colocar, por exemplo, um *boy* urbano que apenas quer viver e consumir o mais possível, e não está nem aí para política ou as questões ecológicas. Pode-se também introduzir papéis religiosos. Pode-se colocar o Ibama no meio do fogo cruzado, vendo o que tem feito e o que não tem feito.

No segundo momento da representação, deve-se trocar os papéis opostos (o produtor passa a ser a ecologista). Este é momento essencial e muito significativo, pois ensinará e mostrará a dificuldade de colocar-se no lugar do outro. Decorrida esta nova rodada de debates entre os personagens, o facilitador silencia tudo, e coloca uma mulher representando a natureza, e uma outra representando as comunidades nativas do Brasil no centro da roda. Pede que elas olhem em silêncio para todos, que neste momento já devem estar em círculo, e pede que todos pensem como estamos lidando com nossa natureza e nosso povo. O que tem acontecido a eles? O que temos feito em prol deles? E fica um tempo em silêncio olhando. Ao final, todos se abraçam e a "natureza" e o "povo" ficam abraçados no centro. Terminada a representação, o facilitador deve apontar o fato de que se temos dificuldade em trocar de papel que vivenciamos em poucos minutos, quanto mais difícil será perceber-se exercendo papel na vida durante décadas, e aferrado a estes, ao ego. Ao final de tudo, segue-se um diálogo sobre como se dão os conflitos, como cada um se sentiu no papel, como se deu os obstáculos de comunicação etc.

Nome da prática II: Enxergando as Teias Sistêmicas

Objetivo: superar a visão reducionista e fragmentária da realidade e propiciar uma visão sistêmica, de interligação de efeitos dos objetos que utilizamos.

Tempo: 10 a 20 minutos, mais o tempo de discussão.

Materiais: carteira de cigarro com cigarro dentro (pode ser feito com outros objetos também).

Descrição:

Leve uma carteira de cigarro para a sala de aula, e de pé em frente ao grupo diga que dará um exemplo de ligação de tudo com tudo, interdependência de fatores, própria da visão de rede, sistêmica. Eleve a carteira de modo visível a todos, e diga que você, como possuindo uma visão ecossistêmica, consegue ver vários fios saindo do maço em várias direções, como se fosse uma teia de aranha. Depois do maço aberto, retire o invólucro de plástico e jogue no chão, e vá dizendo que um fio se liga a este plástico: o que ele tem a ver com peixes, baleias e outros animais marinhos mortos? Explique que vários deles são encontrados mortos com o estômago cheio de plásticos, principalmente sacolas plásticas. Depois corte a *bagana ou pitoco* do filtro e jogue no chão apontando para um novo fio; depois pergunte: o que isto tem a ver com o alagamento das cidades?

Explique que milhares destes são jogados na rua e correm para os esgotos pluviais e águas, assim como outros lixos, e entopem as cidades. Depois retire um pedaço do papel alumínio, e pergunte sobre um fio que se liga para onde vão estes papéis que não são recicláveis. Depois esmague um pouco de fumo do cigarro na mão e pergunte pelo fio que mostra que o fumo tem a ver com o desmatamento da Mata Atlântica no país; explique que muito da mata foi cortada para dar lugar às plantações de fumo, bem como as madeiras para aquecimento da secagem do fumo. Depois, com outro cigarro esmagado pergunte por um fio que se liga ao maior índice de suicídios acontecidos no país, na região Sudeste do Rio Grande do Sul, em que há muitos trabalhadores do fumo, onde ocorrem contaminações com organofosforados (base de grande parte de agrotóxicos do fumo) e que afetam o sistema nervoso causando até o suicídio. Estenda um fio depois ligando-o aos gastos em saúde, da Previdência que todos pagamos, e o quanto se gasta no país direta e indiretamente para sanar os males causados pelo fumo. Enfatize ao final que a visão ecológica pede que façamos isto com *cada* objeto que utilizarmos, a fim de perceber seus impactos, pois os objetos não são isolados. Pergunte também pela dimensão social, trabalhista, de saúde, em relação aos objetos que utilizamos, e se podemos deixar de utilizá-los, ou fazer trocas, como no caso do objeto "carne", que se refere a seres vivos, e que tem impacto grave na saúde e no meio ambiente.

Nome da Prática III: Percepção do ambiente

Objetivo: Recuperar o sentido de inserção no ambiente em que se está, percebendo a dimensão ambiental envolvida no mesmo e suas implicações.

Tempo: 20 a 45 minutos ou mais, dependendo da participação dos presentes.

Materiais: observação dos objetos e materiais de onde se está.

Descrição:

Peça ao grupo para olhar cada coisa na sala ou ambiente e perceba como ele vê cada coisa. Depois pergunte onde temos ali natureza. Muitos apontarão elementos naturais com água, folhagens, flores ou olharão para fora da janela para algo natural, ou o ar. Explore cada material começando pelo chão, de onde vem o cimento, a pedra, a areia, de que são feitos e de onde são retirados. Depois pergunte como nós nos colocamos no chão, como caminhamos pelo mundo, o que buscamos. Este chão é o planeta Terra. Como ele é? Por que nos mantemos de pé se ele gira o tempo todo? O quanto ele é veloz? Depois olhe as paredes e veja as tintas, de que são feitas? Que impacto têm no ambiente e na saúde? (Ao final, explore as alternativas sustentáveis que substituem as tintas, plásticos, químicas, modelos de moradias e cidades sustentáveis.) Depois perceba o ar, os ventos, se é um ar-condicionado ou natural; que custo tem cada um? Aponte como as indústrias socializam a poluição e privatizam o lucro, usando intensamente o ar, água, energia e materiais e ficando com o lucro. Depois olhe para as lâmpadas e tomadas, e pergunte o que é esta energia, de onde vem, o que ela impactou, o que significa o risco da energia nuclear, ou a loucura que é também a energia movida a queima de óleo e carvão. Depois veja os vidros, de onde vêm, como são feitos, a energia o os materiais da natureza. Depois fale do clima físico, ligando ao clima psicológico do grupo, de cada ambiente que vivemos; depois fale do ambiente que são as relações que estabelecemos, muitas vezes esquecidas como ambiente, se são relações pacíficas, construtivas, societárias ou egoístas. Pergunte como cada um se sente imerso em ambientes o tempo inteiro, como peixes que não podem sair da água, e se estes ambientes são mais sufocantes ou abertos, expansivos ou repressivos. Explore por fim o **corpo** das pessoas como o ambiente primeiro, mostrando como trocamos energia e moléculas, além de células, pele etc. com o ambiente; como nossos corpos dependem de uma alimentação adequada, sendo a primeira delas a respiração do ar bom e adequada (a respiração é a energia primeira da vida, e há muitas formas de respirar de modo errado, e é preciso corrigir); a segunda alimentação a água, se bebemos água e como estão nossas águas na cidade; depois verifique a alimentação das pessoas, se é artificial, muitos alimentos cozidos e frituras, animal, ou se é vegetal, crua, saudável. Depois em círculo proponha uma meditação silenciosa, onde sentimos o ambiente, as pessoas, e nos centramos a partir do entrar e sair do ar em nosso corpo. Como estamos presente na vida, nas atividades, ou estamos sempre inquietos, fora do presente, presos ao passado ou na armadilha do futuro tecnológico melhor que apenas um dia viveremos como tal.

Referências

PELIZZOLI, M.L. *Homo ecologicus:* ética, educação e práticas vitais. Caxias do Sul: UCS, 2011.

______ *A emergência do paradigma ecológico*. Petrópolis: Vozes, 1999.

Site: www.curadores.com.br

9

Carta da sustentabilidade
Mensagem aos nossos filhos*

Querida Sofia, filha de minha filha. Agradeço à vida por ter esse dom esporádico de poder olhar pela fechadura do tempo e ver um pouco do futuro, a partir das coisas ocultas no presente. Apenas assim pude escrever essa carta para você, conseguindo ler o passado no presente e o futuro interligado a estes. Fiquei realmente admirado em poder sentir um pouco de você, filha de minha filha, através do que vocês têm explicado aí como visão energética da mente, nessa teia vital onde as ligações ultrapassam a localidade fragmentada e o tempo linear. Para nós, em 2013, isso ainda era uma coisa misteriosa demais, ou de cientistas meio complicados, de filósofos e místicos, ou então das videntes que consultávamos de vez em quanto, com certo ar de surpresa. Estávamos no início da era da mente e das neurociências e do novo paradigma, a grande virada de consciência, da (des)sociedade industrial de consumo e descarte para o novo tempo.

Vocês sabem bem aí o que foi a "Era da Crise Profunda", era cartesiana, e o modelo de biotecnologia e de socialização que se expandiu, mas também foi sendo desmascarado; é um pouco a história de uma cidade que vira agregado de lixo. Que bom que houve um novo renascimento cultural e a ciência sistêmica e sustentável da humanidade cresceu de fato, incorporando grandes saberes e tradições do passado, indo além da mera aplicação de técnicas e interesses econômicos lamentáveis que penetraram na nossa vida e na nossa mente. Moça, talvez tudo seja como um castelo de areia: afinal de contas, o que é que não muda? Você sabe disso,

---

* Inspirada no olhar visceral de minha filha pequenina, Ana Sofia, e em resposta à reveladora carta tecnocêntrica *Nova Atlântida* (1627), de Francis Bacon – marco assustador na história da utopia científica controladora e manipuladora da natureza no Ocidente. Cf. PELIZZOLI, M.L. *Bioética como novo paradigma* (Editora Vozes, 2007) e *Homo ecologicus* (Editora da UCS, 2011).

aí no futuro, pelo estudo da história e principalmente de como se deu as décadas da **crise** – da qual vocês estão ainda se reerguendo. Mas nós, que vivemos naquele período dos primeiros anos do novo século XXI, travamos uma luta dolorida, e tivemos infelizmente o desprazer de contribuir para muitas catástrofes em cada ação que fazíamos ou produto que usávamos e não tínhamos coragem de mudar; mas também, por outro lado, começamos a contribuir para a visão ecológica e humanista, que você minha neta está começando a viver. Sabe como foi isso?

É uma longa história. É a história de um paradigma ou padrão cheio de fascínios e perigos, e de um modo de olhar o mundo que estava contaminado com nossos medos e desejos, o olhar e o mundo contaminados, e assim agíamos mental e emocionalmente enraizados numa cultura predominantemente destrutiva, que inclusive comprava a cada momento nossos melhores cérebros, e por vezes até a alma e o coração de muitos. Os filmes que deixei para sua mãe mostram um pouco dessa metáfora, de como nós fomos ficando cegos de tanto brilho, de tanto fascínio com as coisas que iam sendo transformadas velozmente, uma avalanche de consumos e meios artificiais, de mediações de mediações que nos impediam cada vez mais de viver o presente direto. Querida, nós ficamos cegos e obsessivos, ansiosos e deprimidos, solitários, e com uma produção vertiginosa de desejos, com a ideia de que deveríamos a cada momento renovar, trocar de produto, descartar e corrigir a natureza humana e não humana. Era a chamada cultura de **progresso material ilimitado** e tecnocentrismo, cultura do melhorismo artificial, os primeiros passos da biotecnologia reducionista, quando tentou-se decifrar (e até eliminar!) todo poder e auto-organização da natureza e do corpo, e ter um controle matemático-físico sobre a própria mente, o nosso próprio inconsciente, aquilo que nos resguarda como seres humanos, ambíguos e abertos, complexos no entendimento mas simples para viver a vida. Graças a muita luta e sofrimento, a grandes choques que algumas pessoas desta geração tiveram que assumir já no século XX, vocês estão conseguindo aí contornar esse padrão, e unir o passado com técnicas sustentáveis cientificamente, politicamente, economicamente, ou seja, social e ambiental. E acho incrível como vocês incorporaram o saber espiritual para além de qualquer religião; a verdadeira ciência da vida não pode mesmo se afastar disso.

Minha querida, apesar de ter entrado na humanidade na época do século XVII, a visão materialista e reducionista e fragmentária se cristalizou mais claramente apenas nos séculos XIX e XX. Havia um clima de positivismo, pautado numa pretensa objetividade dos fatos – reforçado pelas técnicas que começavam a funcionar – e isso impressiona, né? – fatos e objetos isolados que poderiam ser manipuláveis até a essência (átomo, molécula, gene...), como peças de um automóvel. Ao mesmo tempo, um clima de mal-estar no fundo, que nos levava também a um niilismo, a uma descrença na vida e no ser humano. Você deve estar surpresa com isso, mas era assim que funcionava, moça! O corpo era visto apenas por partes e de modo químico-fisico-experimental, um pouco mais que uma máquina ou aglomerado de células e elementos químicos que deveriam ser consertados e trocados. As pessoas olhavam para os objetos como se eles não dependessem do seu olhar, da sua mente, e não tivessem ligação com o ambiente. Fomos perdendo a ideia de cosmos e natureza, e a crença na vida natural. Os nossos filmes de futuro tinham um imaginário futurístico-tecnológico árido, seco, calculado e caótico ao mesmo tempo, mas profundamente mitológico, e onde não havia mais natureza humana ambígua e mundana, animal, ou espiritual, ou mesmo a natureza natural. Chegávamos ao absurdo de pensar em colonizar outros planetas porque o nosso poderia se tornar inviável! Imagine você vivendo dentro de uma bolha artificial, como um ET? Nossas angústias existenciais foram aumentando tanto – na medida do próprio chamado progresso tecnológico e transformação das cidades e do consumo –, que começamos a imaginar seres vindos à Terra ou que havia outros planetas com vida e que fariam algum contato. Inclusive lançamos foguetes contendo arte, feitos e obras humanas para que outros seres possam achar. Que louca angústia nostálgica e evasão, não é mesmo, moça? Parece que estávamos prevendo os momentos de catástrofes que estavam acontecendo aos poucos.

Mas, minha amada, nunca perdemos a fé no **amor**; amei você – acredite – nos olhos e no sorriso de sua mãe, minha filha, que corria livre e espontânea sem saber o mundo que a esperava, sem saber quanta dor pairava no ar, quanta mentira e covardia, quanta falta de sensibilidade e quanta falta de inteligência em nome da crença nas máquinas e no mercado. Ela cutucava meu coração a cada palpitação, pois as crianças todas reluziam no brilho de seus olhos; a extrema fragilidade que vi em minha filha me evocava a nossa fragilidade, seres humanos e não humanos, e vi como somos rapidamente fascinados e vencidos pelo comodismo, pela autodefesa, pela inércia e pela preguiça. Via ali o sofrimento das crianças do meu país; via ali sonhos lindos que mais tarde iriam se despedaçar em nome da competitividade, em nome da grande desordem da ordem burguesa vigente, em nome dos interesses de poucos e de um estilo de vida destrutivo, que "segurava as pontas" de um verdadeiro *apartheid* social. O olhar de Sofia me consumia por dentro, pois quanto mais eu estudava e pesquisava, mais se abriam coisas assustadoras à minha frente, e se tornava muito difícil convencer as pessoas a lutar dentro da *Matrix*, pois às vezes era melhor fazer de conta que não enxergamos, e então dormir, dormir e... morrer aos poucos. Mas o choro, os gestos frágeis e tão humanos das crianças, como o olhar de Sofia, um apelo silencioso, uma extrema fraqueza na força humana, uma alegria entristecida e uma tristeza que se alegra, uma confiança sincera e pueril no olhar e na palavra de pai e de mãe, e de cada pessoa que encontrava, tudo isso me fazia arder o coração. Quanto eu a abraçava, sentia o palpitar de seu coração, e num *insight* de êxtase e dor, eu sentia como se seu sangue estivesse em todo lugar como a água do planeta, e como se os movimentos de sua respiração fossem o ar que nos envolve e penetra, e como se o calor de seu corpo fosse o calor de todas as pessoas, e um pouquinho do Sol dentro da gente.

Sofia, tive que presenciar muita gente passando frio ou torrando ao sol pedindo esmolas ou vendendo pequenas coisas, enquanto "os de cima" andavam em carros importados com ar, se protegiam em apartamentos com vigias, cachorros, câmeras e grades sem fim, e armas; e iam do trabalho para casa e nos *shoppings* fechados no fim de semana: mesmo assim, eles não aguentavam muito e às vezes iam a um parque aberto ou a uma praia semiprivada. Tive que presenciar o tempo de acumulação de dinheiro de uma forma absurda e completamente antiética, mas ao mesmo tempo isso era considerado legal! Acompanhei as privatizações e a desmontagem do poder regulador dos Estados, e como a Lei da indústria e do mercado acirraram todas as contradições e invadiram quase todos os espaços da natureza e do corpo, mercantilizando genes, ar, água, terras, ideias, e tudo o que se possa imaginar. E vi ainda como tudo isso levou à catástrofe, da violência social, da poluição química em todos os níveis, do uso da doença para lucrar e de medicações não para ir às causas e à cura e quanto menos à prevenção, mas para manter as pessoas sempre com doenças crônicas. Mas nunca duvidei de que onde surgem grandes doenças, surgem grandes curadores! Eis você aí! Eis meus colegas de luta aqui, muitos deles sendo considerados radicais. Viva os radicais, filha!, pois eles têm raiz, eles sustentaram a seiva da vida futura, eles pensaram além de si mesmos, de seus corpos e egos e assumiram a dor e a energia do mundo e da autêntica evolução.

Infelizmente, vi uma medicina baseada na evidência dos lucros farmacêuticos e de equipamentos e suprimentos, buscando desacreditar a sabedoria e as práticas naturais e medicinas tradicionais, em nome de uma falsa cientificidade. Buscando tirar a autonomia de saúde que as pessoas e comunidades sempre tiveram o poder de desenvolver e curar; buscando ver o corpo fragmentariamente, e mais absurdo ainda: desconhecendo causalidades emocionais e psíquicas – mentais – das doenças. Vi o crescimento dos gastos e pesquisas com grandes doenças, que seriam "curadas" geneticamente, e que depois, você sabe, desembocaria num grande golpe econômico que privilegiaria alguns, uma verdadeira eugenia e algenia, e que para muitos traria efeitos teratogênicos e enganações em nome do lucro, pois logo em seguida começamos a lidar cientificamente com a complexidade e interdependência de fatores, e a visão começou a mudar e pudemos recuperar conjuntamente os saberes socioecológicos e a visão integral. Cheguei a ver coisas fantásticas na saúde, que me marcaram muito, como estudar e conviver com medicinas e práticas tradicionais, e mesmo orientais, onde as pessoas eram tratadas como seres humanos integrais, onde se evitava e curava doenças ditas incuráveis basicamente com dietas e exercícios, mas ao mesmo tempo a luta com um modelo biomédico que se armava contra tudo o que lhe ameaçava seu paradigma, suas técnicas e seus imensos capitais. Vi países serem enforcados economicamente por causa das corporações da doença, alimento e agricultura pesada, e por condições de saneamento e ambientais precárias e poluídas.

Vi *universidades* terem suas pesquisas quase todas financiadas por grandes grupos econômicos de falsa ética, e reforçar uma tecnociência que visava a produção contínua de consumo e mediações artificiais infindáveis e não os modos de vida simples e sustentáveis; vi laboratórios financiando pesquisadores, e invadirem os consultórios médicos com fármacos novos, manuais, presentes e congressos, onde pensamentos diferentes, alternativos ou mesmo tradicionais era barrados. Era a época da imagem e do *marketing*. Você não imagina, mas havia uma infinidade de estratégias de *marketing*, acadêmicas ou fora da academia; havia uma avalanche de imagens e de simulacros tidos como reais, de modo que não tínhamos mais tempo para pensar, para sentar, meditar, para sentir o pulsar da vida e conversar, e até nos relacionarmos como pessoas. Se você andava de carro, via propagandas por todo lado, inclusive nos transportes públicos; se você ia ao banheiro de um restaurante, na sua cara havia uma propaganda; nos filmes, nas instituições, em praças públicas, no céu, nos prédios, mas telas, uma verdadeira lavagem cerebral.

O que mais me entristecia nesse momento? A HIPOCRISIA; é ver como os discursos que eram feitos em nome da moral ou mesmo da bioética, eram na maioria das vezes inócuos, moralistas e faltavam proposições práticas efetivas, que fossem além das formações disciplinares e partidas, ou dos hábitos perniciosos da *Matrix* e do modelo de consumo deletério. Não conheciam realmente a própria contaminação do seu agir, ou se conheciam não conseguiam dar passos significativos adiante, mudar o olhar e as práticas, ver de onde eles mesmos se erguiam e levantavam a voz, ver o próprio niilismo. Os melhoramentos usados eram na maioria dos casos uma exigência de certificação e justificação ambiental aos novos procedimentos e invasões do mundo da vida e da cultura local com o poder das máfias mercantis. No início do século XXI, acredite, estávamos num tempo ainda de grande conservadorismo e preconceitos, onde os desprovidos, os Sem-terra, os "transviados", os "radicais", os "rebeldes", os questionadores, os desordeiros, os esquerdistas, os alternativos, tudo isso era sinônimo de ameaça; onde tudo era rotulado e assim colocado dentro de uma caixinha ou expulso da chamada vida econômica e do "normal". Tempo de *normose*, a patologia sutil e gigantesca da falsa normalidade e ordem.

Querida moça, hoje percebo um pouco melhor o quanto a nossa corrida, não apenas a armamentista, mercadológica ou de competitividade, mas a nossa corrida do dia a dia, não tinha um rumo claro. É como o conto budista do cavalo corredor. "Um homem montado num cavalo passa correndo por outros e estes perguntam ao homem: para onde vai com tanta pressa, desse jeito louco? E o cavaleiro responde: por favor, pergunte ao cavalo!" É tragicômico, não é mesmo? Percebi o quanto se corre de si mesmo, o quanto se foge para mundos imaginários que se prometia materializar em técnicas e novos objetos algum dia, os chamados bens e consumo, e o quanto isso mesmo nos evita de estar presente em cada momento e em viver a vida com intensidade. Uma loucura de objetos, não bastava um celular, as pessoas queriam internet nele (e assim ficavam mais neuróticas), queriam ipod, iped, tablet, iphone, GPS, games, android, MP3, 4,5,10..., DVD no carro, cada vez novas mídias, numa voracidade e descarte esquizofrênicos. Filha, não vivemos o **presente**, parece que estamos passando por ele; parece que precisamos passar por um grande choque ou parada forçada, como um ataque cardíaco, ou um câncer maligno, um aviso da natureza humana e do planeta, para que a gente simplesmente pare, e faça cada coisa em seu tempo, não faça **nada**, e esteja presente em tudo, e veja até que ponto estamos presos e dormentes, até que ponto somos marionetes de demandas que não são saudáveis mental e biologicamente.

Eu não falo de esperança, Sofia, comecei a olhar para mim e para o presente, como me concebo como ser humano e como concebo o outro. O agora é o único que tenho, é o único que conta; sei que vocês dependem dele, do que acontece em cada segundo de nossa vida aqui.

Filha, comecei a recusar aos poucos a servir esse *senhor maldito*. Não comprava mais venenos químicos, não comprava mais transgênicos, gordura *trans*; não comprava mais açúcar branco, não comprava mais excessos de embalagens; não comprava mais doces químicos e porcarias, como refrigerantes, margarinas, e todo um monte de escrínios legitimados pelos órgãos de fiscalização hipnotizados pelos lucros bestiais. Em todo caso, sempre fui feliz e nunca isso me escravizou, e encontrei nas comidas e coisas simples uma diversidade enorme e prazerosa, até numa boa bebida nordestina. Aprendi a fazer iogurte em casa, a comer coisas cruas cada vez mais, a comprar na feira ecológica e dos Sem-terra, a economizar água e energia de todo tipo, a me associar a uma ecovila, a respeitar as aranhas, cobras, insetos e todos os bichos. Aprendi a comer de modo a evitar doenças; acima de tudo comecei a aprender a meditar e um mundo novo se abriu para mim, e estava ali, bem dentro de mim e no olhar das pessoas que, no fundo, são todas muito preciosas. E o que eu fazia não era apenas para minha sobrevivência e qualidade de vida, mas para meus filhos, alunos, amigos, era a efetivação possível de uma nova sociedade, a qual sobreviveu graças a isso e outras coisas mais. Comecei a me organizar em ONGs e na política local. Aprendi que poderia cultivar amor cada vez mais me abrindo aos outros e diferentes, que poderia ceder lugar, que poderia ser mais generoso e dar mais, que poderia ter respeito profundo pelos seres humanos e não humanos; que poderia praticamente não usar drogas químicas chamadas de remédios; que poderia sofrer sem culpa e sentir dor, pois sou um ser humano como qualquer outro. Aprendi que poderia andar mais a pé, respirar melhor, ajudar os necessitados, dar de meu tempo a minha filha e às pessoas e não só ao meu trabalho formal; aprendi a duvidar de tudo, e a me sentir de dentro pra fora, e ser mais senhor das minhas escolhas. Aprendi a pedir desculpas e dizer que também sou fraco, mas cada vez mais ser sincero e dizer o que penso. Aprendi a conduzir círculos de diálogo e mediar conflitos.

Um grande ensinamento para mim foi que, apesar de ir me encaminhando para a raiz destas coisas da vida, vi que seria uma grande ilusão me considerar melhor que os outros em dignidade e respeito. Todos temos o mesmo valor, apesar das diferenças; todos temos e somos deuses dentro de nós; todos temos o diamante que é nossa **mente-coração**. E apesar disso, somos diferentes. Viva a diversidade! Viva o amor. É ele no fundo que a tudo dissolve e ao mesmo tempo nos mantém e motiva...

Conclusão geral

Como você deve ter notado durante o decorrer desta obra, cada capítulo fala por si mesmo, e pode ser tomado de modo separado para reflexões e discussões. Não obstante, há uma linha teórica e uma meta prática que podemos descrever como sendo a de uma *ética como compreensão profunda do sentido (energético-afetivo, socioambiental) de nossas vidas no mundo ou natureza*, que se liga de modo natural às nossas ações neste mundo. O primeiro "mundo" que interessa às pessoas é o seu próprio mundo, interior, corpo e psique, que por sua vez liga-se diretamente ao mundo chamado de exterior, relações, alteridade, desafios ambientais. O modo como estruturamos nosso mundo hoje marcado pela sociedade de consumo e pelo afastamento da "natureza natural" está em conexão direta com o que sentimos, e como são nossas relações afetivas, como é nossa saúde, nosso ânimo e nossa energia vital. Portanto, *sustentabilidade* aqui não quer dizer apenas uma economia sustentável, mas uma consciência e uma educação para a vida, uma abertura para a natureza perdida, para a energia da vida que habita nossos corpos, alimentos, ambientes naturais ou construídos, e as pessoas que se relacionam e organizam diferentemente. Ética não é moral, e menos ainda moralismo. *Ethos* é saber cuidar, habitar e construir o sentido íntimo e externo, "espiritual" e mundano, de nossas vidas; fala-se em ética porque precisamos resgatar o equilíbrio, a harmonia, os valores que contemplam nossa jornada neste mundo, em nossos locais de trabalho, escolas, famílias, resgatando acima de tudo o âmbito comunitário e de grupo. As ações efetivas para modificar nosso presente e futuro, saindo da destrutividade e entrando na criatividade e na partilha, passam pela organização social, pela educação em todos os níveis; passam pela coragem de mudar, de ir à raiz e romper com a *normose* – estado de coisas doentio da sociedade de mercado excludente e deletéria. Tal estado, defendido por ser "normal", tem produzido uma avalanche de doenças, de efeitos ambientais de toda ordem, que nos pegam pelo ar, pelos materiais que compramos, pela nossa pele, pela água que usamos, pela poluição visual, pelo estresse e perda de sentido de vida que crescentemente e em algum momento as pessoas passam.

A questão ecológica não é algo verde, nem conservação da natureza, nem jogar informações ambientais sobre as crianças ou jovens. Acima de tudo, é uma reviravolta de mentalidade, uma mudança de paradigmas, uma coragem de inovar e ao mesmo tempo resgatar o passado sustentável; uma atitude para além do bem e do mal, atitude de protesto, boicote, mudança de hábito, abandono do consumismo, volta às tradições, e um grande processo de desacelerar, parar – mais cedo ou mais tarde teremos que fazer isto como sociedade, por bem ou por mal. Os antigos mestres e filósofos ensinaram muitas pessoas hoje a cultivar o silêncio, a lidar com seus desejos, com seus medos e frustrações; e assim tomar consciência de como impactam os outros e a natureza. Aqui temos uma base para frear a loucura egoica da sociedade industrial e artificial de consumo, antes que sejamos engolidos pelas doenças crescentes, pela perda de qualidade de vida, depressão, destruição de valores, efeito estufa, falta de recursos, inviabilidade das cidades, e assim por diante.

Ninguém escapa destes efeitos, pois a vida é ecossistêmica. Cabe a você dar-se conta do que faz ou do que está fazendo com sua vida, seus desejos, sua mente e seu corpo; se tomará a decisão de sair da *Matrix* e da sua caverna, dos condicionamentos artificiais, da falta de intensidade da vida, da cegueira quanto à vida humana e animal preciosa, da beleza extraordinária e da *mirabilia*, que são as manifestações da natureza. A grave crise atual pode ser resumida como afastamento de uma cultura mais conectada com as manifestações da vida: vida no corpo (instintos, ritmos de vida, saúde, hábitos diários, cultivo do movimento etc.), vida dos animais como nossos companheiros (todos os animais têm vida, não apenas os que gostamos), vida do clima, dos rios, dos seres que voam, dos seres que vivem na terra, nas águas, das flores e espinhos, dos jardins e da mata virgem e selvagem. Quando conseguimos abrir os olhos e o coração, numa coragem que temos guardada dentro como seres naturais, podemos sentir a energia ou bioenergia que flui entre natureza e corpo o tempo todo. Ética é ótica; é aprender a olhar profundamente para o que ocorre em nosso corpo, nossa mente-corpo, nossas relações em geral. A volta à natureza, no sentido agora de contato e vida natural, sempre foi para os sujeitos um âmbito de regeneração, renascimento constante da vida, local e momento de cura, de contato consigo e com desafios profundos. Não há contato profundo que exclua o que se chama de alteridade da natureza e seres naturais. Trata-se de uma *experiência*, não de ideias. Este livro encerra retomando o convite à experiência – como as descritas como naturais/vitais – chamada aqui de *ethos*, e que se traduz nas práticas diárias e nas instituições como a construção da *sustentabilidade*, como tarefa mais preciosa que temos hoje.

EDITORA VOZES LTDA.
Rua Frei Luís, 100 – Centro – Cep 25689-900 – Petrópolis, RJ
Tel.: (24) 2233-9000 – E-mail: vendas@vozes.com.br